高等学校动画与数字媒体专业教材

Web 前端设计

王珊 ◎ 编著

清华大学出版社
北京

内 容 简 介

Web 前端设计是为适应信息时代发展应运而生的多领域交叉设计方向，对设计师而言，Web 跨平台、跨终端、智能化的新特征，对内容策略、交互方式、用户体验设计都提出了更高的要求，同时了解前端技术对设计师提升自身创新能力也变得越发重要。因此，本书内容整体上包含设计和技术两部分，并在内容编排和设计上充分体现设计和技术的有机融合。在设计部分，按照思维、方法到用户体验设计再到跨媒介综合设计的梯度组织内容，融入跨终端、跨媒介等符合时代变化的前沿设计理念和方法；在技术部分，不同于信息技术专业学习的"硬核技术"，而是以设计师视角切入，以辅助创意设计实现为目标，形成与设计匹配的前端技术基础到响应式前端技术的知识梯度。

本书可以作为高等院校、职业院校数字媒体、视觉传达、交互设计、网络传播等专业 Web 前端设计相关课程的教材，也可以作为爱好者的自学用书。

本书封面贴有清华大学出版社防伪标签，无标签者不得销售。

版权所有，侵权必究。举报：010-62782989，beiqinquan@tup.tsinghua.edu.cn。

图书在版编目（CIP）数据

Web 前端设计 / 王珊编著. —北京：清华大学出版社，2023.6（2023.9 重印）
高等学校动画与数字媒体专业教材
ISBN 978-7-302-63172-9

Ⅰ.①W… Ⅱ.①王… Ⅲ.①网页制作工具－程序设计－高等学校－教材 Ⅳ.① TP393.092.2

中国国家版本馆 CIP 数据核字（2023）第 052627 号

责任编辑：田在儒
封面设计：刘　键
责任校对：袁　芳
责任印制：丛怀宇

出版发行：清华大学出版社
网　　址：http://www.tup.com.cn, http://www.wqbook.com
地　　址：北京清华大学学研大厦 A 座　　邮　编：100084
社 总 机：010-83470000　　邮　购：010-62786544
投稿与读者服务：010-62776969, c-service@tup.tsinghua.edu.cn
质量反馈：010-62772015, zhiliang@tup.tsinghua.edu.cn

印 装 者：三河市君旺印务有限公司
经　　销：全国新华书店
开　　本：185mm×260mm　　印　张：9　　字　数：203 千字
版　　次：2023 年 6 月第 1 版　　印　次：2023 年 9 月第 2 次印刷
定　　价：59.00 元

产品编号：089473-01

丛书编委会

主　编

　　吴冠英

副主编（按姓氏笔画排列）

　　王亦飞　　田少煦　　朱明健　　李剑平

　　陈赞蔚　　於　水　　周宗凯　　周　雯

　　黄心渊

执行主编

　　王筱竹

编　委（按姓氏笔画排列）

　　王　珊　　王　倩　　师　涛　　张　引

　　张　实　　宋泽惠　　陈　峰　　吴翊楠

　　赵袁冰　　胡　勇　　敖　蕾　　高汉威

　　曹　翀

序

  每一部引人入胜又给人以视听极大享受的完美动画片，都是建立在"高艺术"与"高技术"的基础上的。从故事剧本的创作到动画片中每一个镜头、每一帧画面，都必须经过精心设计；而其中表演的角色也是由动画家"无中生有"地创作出来的。因此，才有了我们都熟知的"米老鼠"和"孙悟空"等许许多多既独特又有趣的动画形象。同时，动画的叙事需要运用视听语言来完成和体现。因此，镜头语言与蒙太奇技巧的运用是使动画片能够清晰而充满新奇感地讲述故事所必须掌握的知识。另外，动画片中所有会动的角色都应有各自的运动形态与规律，才能塑造出带给人们无穷快乐的、具有别样生命感的、活的"精灵"。因此，要经过系统严谨的专业知识学习和有针对性的课题实践，才能逐步掌握这门艺术。

  数字媒体则是当下及未来应用领域非常广阔的专业，是基于计算机科学技术而衍生出来的数字图像、视频特技、网络游戏、虚拟现实等艺术与技术的交叉融合；是更为综合的一门新学科专业，可以培养具有创新思维的复合型人才。此套"高等学校动画与数字媒体专业教材"特别邀请了全国主要艺术院校及重点综合大学的相关专业院系富有教学和实践经验的一线教师进行编写，充分体现了他们最新的教学理念与研究成果。

  此套教材突出了案例分析和项目导入的教学方法与实际应用特色，并融入每一个具体的教学环节之中，将知识和实操能力合为一个有机的整体。不同的教学模块设计更方便不同程度的学习者灵活选择，达到学以致用。当然，再好的教科书都只能对学习起到辅助的作用，如想获得真知，则需要倾注你的全部精力与心智。

清华大学美术学院

2020 年 3 月

| 前言 |

党的二十大报告指出：教育、科技、人才是全面建设社会主义现代化国家的基础性、战略性支撑。必须坚持科技是第一生产力、人才是第一资源、创新是第一动力，深入实施科教兴国战略、人才强国战略、创新驱动发展战略，开辟发展新领域新赛道，不断塑造发展新动能新优势。

互联网是对人类社会影响最为广泛、深刻的数字媒介，是社会创新驱动的先导力量，围绕互联网媒介的创新设计是高校艺术设计专业的重要教学方向之一。其中，Web 是互联网最普及、影响最深远的服务，具有开放、兼容、应用形式多样等特点，Web 前端设计成为高校数字媒体专业开展互联网创新设计教学的极佳切入点。随着技术的不断演进，人类开启了"移动互联网 + 智能"时代，Web 早已不仅是网页的范畴，而且是以各种智能终端为载体，拓展出丰富的应用形式，融合更多的媒介和技术，满足人们不同应用场景下的不同需求。Web 在多领域跨界融合，使得 Web 前端设计成为紧随时代发展的前沿多领域交叉设计方向，其要求的知识能力与当今社会对创新型设计人才的需求相吻合。

本书正是瞄准当今时代背景下社会对创新型设计人才的需求，以及高校数字媒体专业复合型设计人才培养目标对设计人才知识结构和能力水平的要求而进行的内容组织和编写。本书的特色主要包含以下几方面。

（1）本书从思维、方法、技术三个层面层层递进，以培养创新设计思维、跨学科知识素养及较强行业实践能力的创新型设计人才为目标，系统地帮助学习者构建 Web 前端设计知识体系。

（2）本书注重实用性和前瞻性相结合，在构建基础、系统知识体系的基础上，着眼于当今移动互联网、智能时代背景下的新设计特征，注重进一步拓展跨媒介、跨学科的综合设计能力培养，例如融入跨终端 Web 设计、智能系统设计、Web VR 和 AR 等前沿的设计模式。

（3）本书与教学过程紧密结合，章节设置体现了研究性学习过程和内涵，并专门设置了"Web 设计研究"章节，通过真实案例介绍设计研究经典理论和方法，让知识在真实的应用场景中易于学习者学习和理解，培养科学探究能力和发现解决问题的能力。

在本书的编写过程中，编者参阅了大量的资料，在此对资料的原著作者表示衷心的感谢。由于编者水平有限，对书中不足之处敬请广大读者批评、指正。

编　者
2023 年 3 月

教学资源及勘误

| 目录 |

PART 1　设计篇

第 1 章　Web 前端设计概论 / 3
- 1.1　Web 前端的概念 / 3
- 1.2　Web 应用类型 / 4
  - 1.2.1　网站和网页 / 4
  - 1.2.2　Web App 和混合式 App / 5
  - 1.2.3　基于微信的 Web 应用 / 6
  - 1.2.4　其他游戏和互动类 Web 应用 / 6
- 1.3　Web 媒介特点 / 7
  - 1.3.1　跨平台性 / 7
  - 1.3.2　融合多元信息形态 / 8
  - 1.3.3　动态交互性 / 9
  - 1.3.4　分布式信息 / 10
- 1.4　Web 发展趋势 / 10
- 1.5　Web 前端设计范畴 / 11

第 2 章　Web 设计模式 / 13
- 2.1　不同终端的设计模式 / 13
  - 2.1.1　PC 端 / 13
  - 2.1.2　移动端 / 14
  - 2.1.3　PC 端与移动端的对比 / 17
  - 2.1.4　其他终端 / 18
- 2.2　Web 元素 / 19
- 2.3　跨终端设计 / 21
  - 2.3.1　响应式设计 / 21
  - 2.3.2　智能系统设计 / 22

第 3 章　Web 设计研究 / 24
- 3.1　Web 设计理论 / 24
  - 3.1.1　设计思维 / 24
  - 3.1.2　用户体验要素 / 25
- 3.2　设计研究的意义 / 26
- 3.3　设计研究的方法 / 27
  - 3.3.1　用户研究 / 27
  - 3.3.2　竞品分析 / 31

第 4 章　Web 设计过程 / 33
- 4.1　信息架构的概念 / 33
- 4.2　交互设计的概念 / 34
- 4.3　信息与交互的关系 / 35

4.4 设计方法与工具 / 36
  4.4.1 信息架构设计要素 / 36
  4.4.2 信息分类方式 / 37
  4.4.3 层级式任务分析 / 42
4.5 Web 组织结构 / 43
  4.5.1 单一模式 / 43
  4.5.2 混合模式 / 47

第 5 章 Web 设计表达 / 50

5.1 原型的概念 / 50
5.2 低保真原型 / 51
5.3 高保真原型 / 53
5.4 多模态原型 / 53
5.5 感知设计 / 54
  5.5.1 视觉 / 54
  5.5.2 听觉 / 55
  5.5.3 触觉 / 56
  5.5.4 嗅觉 / 56
  5.5.5 味觉 / 57
5.6 多模态交互 / 57

PART 2 技术篇

第 6 章 Web 设计技术——结构 / 61

6.1 基本的 Web 标准 / 61
6.2 HTML 与 Web 结构 / 62
6.3 HTML 5 基本语法 / 63
  6.3.1 HTML 标签 / 63
  6.3.2 HTML 5 文档基本结构 / 63
6.4 HTML 5 元素 / 64
  6.4.1 页面布局元素 / 64
  6.4.2 文本元素 / 68
  6.4.3 超链接 / 69
  6.4.4 图像、音视频元素 / 70
  6.4.5 列表 / 72
  6.4.6 表格和表单 / 73

第 7 章 Web 设计技术——表现 / 77

7.1 CSS 简介 / 77
7.2 CSS 基本语法 / 79
7.3 CSS 选择器 / 79
  7.3.1 基本选择器 / 79
  7.3.2 复合选择器 / 83
7.4 CSS 优先级 / 85
7.5 CSS 颜色 / 86
7.6 CSS 常用属性 / 87
  7.6.1 文本相关属性 / 87
  7.6.2 图像相关属性 / 88
  7.6.3 列表相关属性 / 89

第 8 章 Web 设计技术——布局 / 91

8.1 布局基础 / 91
  8.1.1 元素显示类型 / 91
  8.1.2 盒模型 / 93
8.2 CSS 定位方式 / 96
  8.2.1 浮动定位 / 97
  8.2.2 绝对定位 / 99
  8.2.3 相对定位 / 101
8.3 常见布局 / 102

8.3.1 一栏式布局 / 102

8.3.2 两栏式布局 / 104

8.3.3 三栏式布局 / 106

第 9 章 跨终端 Web 设计技术——弹性布局 / 108

9.1 弹性布局的概念 / 108

9.2 弹性盒模型 / 109

9.3 弹性盒基本属性 / 109

9.4 弹性盒对齐属性 / 111

9.5 弹性盒布局案例 / 113

    9.5.1 水平垂直居中元素 / 114

    9.5.2 圣杯布局 / 115

第 10 章 跨终端 Web 设计技术——响应式设计 / 118

10.1 响应式设计的概念 / 118

10.2 响应式设计模式 / 119

10.3 媒体查询 / 121

    10.3.1 基本语法 / 121

    10.3.2 媒体查询实例 / 123

10.4 响应式框架 / 124

    10.4.1 Bootstrap 介绍 / 124

    10.4.2 Bootstrap 栅格系统 / 125

    10.4.3 Bootstrap 布局案例 / 126

    10.4.4 Bootstrap 基本组件 / 129

参考文献 / 130

PART 1

设 计 篇

第 1 章

Web 前端设计概论

1.1　Web 前端的概念

　　Web 全称为 world wide web，即万维网，是 Internet 上应用极广泛、影响极深远的服务之一。从不同的视角看，Web 的概念有着不同的含义。以技术的视角来看，Web 是一套信息表示、组织、定位、传输技术和标准的集合，其通过超文本标记语言（HTML）表示信息形成 Web 文档，通过超链接将 Web 文档连接起来，通过统一资源定位符（URL）标记 Web 文档位置，通过超文本传输协议（HTTP）进行 Web 文档的传输。同时，Web 也是一种信息组织方式，其采用超文本的方式将分布于全世界范围不同位置的离散信息组织起来，形成庞大的全球性资源集合。另外，以普通用户的视角来看，Web 具有表现力丰富的图形用户界面，并且可以适配多种终端环境，这些都使其成为传播极广泛的媒介之一。

　　Web 的工作方式为 B/S 模式，即浏览器/服务器端工作模式，如图 1-1 所示。Web 文档、数据、功能逻辑存储在服务器中，用户通过浏览器向服务器发出请求，服务器响应用户请求，将数据、资源等组织成 Web 文档，返回请求的 Web 文档并在浏览器中以图形用户界面的形式显示出来。在这套工作模式下，一个 Web 应用可以分为前端和后端两部分，其中 Web 前端就是 Web 应用中直接与用户打交道的部分，后端则是负责构建支撑该功能的基础结构。

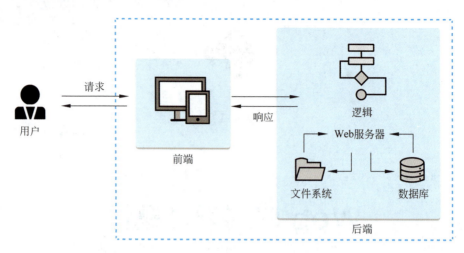

图 1-1 Web 的工作方式

1.2 Web 应用类型

基于 Web 的概念和工作方式，将互联网中基于 Web 的应用进行梳理和归类，整体可以分为四大类，分别是网站和网页、Web App 和混合式 App、基于微信的 Web 应用、其他游戏和互动类 Web 应用，下面分别介绍。

1.2.1 网站和网页

网站和网页是最早的也是人们最为熟悉的 Web 应用。从 1991 年万维网之父蒂姆·伯纳斯·李编写的世界上第一个网页（见图 1-2）至今，随着前端技术和网络基础设施的发展，网页从最初的只能展示简单的文本、图像信息，发展到可以承载音视频、3D 对象等多样化的媒体元素，并且具有了丰富的交互功能，如图 1-3 所示，展示了苹果公司官网首页从 1994—2020 年的发展历程，可以令我们直观地感受到二十多年间 Web 设计和技术的发展变化。从功能和作用上来看，网站从单纯地展示企业形象、商业信息和提供资讯，逐步演变为现如今功能多样化的网络平台。从用户终端来看，随着智能硬件技术的飞速发展，网页也从最初的以 PC 为浏览终端，扩展至各种智能终端，如智能手机、便携式计算机、智能手表、智能电视等，如图 1-4 所示，展示了 NASA 官网首页在不同屏幕尺寸终端的浏览效果。

图 1-2 万维网之父和世界上第一个网页

图 1-3　苹果公司官网首页的变化历程

图 1-4　NASA 官网首页在不同终端的浏览效果

1.2.2　Web App 和混合式 App

App 即通常所说的手机应用程序。随着智能手机的普及及移动互联网技术的发展，App 成为发展最为迅速的移动互联网应用，并逐步渗透至人们的衣食住行各个领域，成为企业连接业务和用户的最主要载体。从开发模式上来看，目前主流的 App 分为三种，包括原生 App（native App）、Web App 和混合式 App（hybrid App），如图 1-5 所示。其中原生 App 是针对特定操作系统，利用原生语言进行开发的手机应用；Web App 是利用 HTML、CSS、JavaScript 等 Web 技术进行开发的应用；而混合式 App 是介于两者之间的混合式应用程序，既具有原生用户体验，又具有 Web 跨平台性特点。因此，在这三种 App 模式中，Web App 和混合式 App 属于 Web 应用的范畴，混合式 App 由于开发和维护成本低、一套代码可以实现跨平台操作，具有原生 App 交互体验等优势，受到了广泛的青睐。

图 1-5 三种不同类型的 App

事实上，企业具体采用哪种开发方式需要考虑到多方面的因素，但是对于用户来说，并不会关心使用的 App 到底是原生 App、Web App 或是混合式 App，用户真正关心的是一款 App 是否能满足自己的需求，以及使用时的体验是否有效、流畅、令人愉悦。

1.2.3 基于微信的 Web 应用

近年来各种轻应用型 Web 服务逐步走进大众视野，其以便捷的方式将用户需求与服务精准对接，如微信小程序、公众号、百度轻应用、360 轻应用等。其中，微信作为国内最流行的即时通信服务工具，其巨大的市场份额使之形成了强大吸引力，微信产品团队也致力于将其打造为一个开放的全方位服务工具，开发并提供了开放接口和技术支持服务，用户和开发者可以自由地基于微信开放平台进行使用和开发。其中，以微信小程序、公众号、小游戏等产品为代表的微信开放服务生态已经形成并深入各行各业。通过星巴克微信小程序与 App 的界面对比，可以看出查询、点单、积分这些基本功能基本完全一致，交互体验与 App 也几乎无差别，如图 1-6 所示。小程序更像是一种即时 App，无须下载，用完即走，因此近年来得以迅速流行，为移动互联网应用场景开拓了新的发展空间。

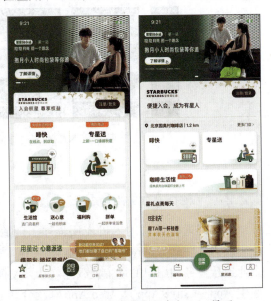

图 1-6 星巴克微信小程序与 App 界面

1.2.4 其他游戏和互动类 Web 应用

除上述主要的 Web 应用之外，还有一些比较常见的游戏和互动类 Web 应用，如一些

HTML 5 小游戏,利用 HTML 5 强大的 Web 页面表现性能,使得游戏体验可以与客户端版本相媲美,如图 1-7 所示,展示了 HTML 5 的切水果游戏页面,体验后发现与熟悉的客户端版本切水果游戏几乎无差异。还有近些年常常被提及的 H5,H5 与 HTML 5 是完全不同的两个概念,H5 特指通过微信扫码、公众号、朋友圈等渠道进行传播的动态 Web 交互页面,具有强互动、跨平台、易传播的优势,主要用于品牌宣传、产品展示等。腾讯公益的 H5 "跟着阿猫去流浪",以流浪猫的第一视角进行叙事和互动,引发用户强烈的代入感,并以朋友圈为主阵地进行传播和扩散,获得了社会的广泛关注,如图 1-8 所示。

图 1-7　HTML 5 的切水果游戏

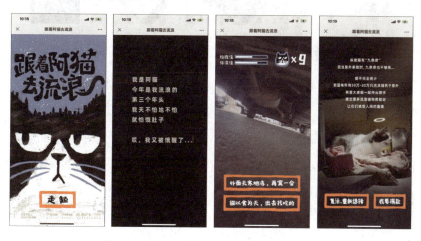

图 1-8　腾讯公益的 H5 "跟着阿猫去流浪"

1.3　Web 媒介特点

前面部分分类介绍了各种不同类型的 Web 应用,作为 Web 的用户对其都不陌生,Web 作为互联网的一项重要服务,其本身也具备了互联网媒介的基本特征,例如数字化、多元化、海量的信息特征,全球性、实时性、交互性的传播特征,也正是由于 Web 在信息表达、传播等方面的这些优势,对用户形成了强大吸引力。对于 Web 前端设计师而言,深入地理解 Web 媒介特征,可以更好地利用它来匹配用户需求,达成设计目标。下面总结了 Web 媒介的四个主要特征。

1.3.1　跨平台性

Web 应用基于 Web 标准进行开发,依赖浏览器运行,具有平台无关性,可以轻量、快速地场景化，在实际应用中可以免安装，方便地实现互动，尤其是移动端的 Web 应用非常适合于满足低频次、个性化需求的应用场景，为线下服务赋能。例如在博物馆、艺术馆里经常看到一些互动装置展品，会通过手机扫码的方式让观众进行体验，观众扫码后通过连接的 Web 页面可以直接与展品进行互动，这正是利用了 Web 应用跨平台、轻量级的特点，使人们最熟悉的手机迅速有效地成为扩展博物馆有限教育空间的工具。新媒体艺术家林俊廷的互动艺术装置《明宪宗元宵行乐图》可以通过手机端的 Web 页面，利用手机触摸屏、摇一摇的交互方式，与屏幕中的国宝进行丰富多样的互动，从而帮助观众更好地了解中华民族历史和文化，如图 1-9 所示。

图 1-9　互动艺术装置《明宪宗元宵行乐图》手机互动模式

1.3.2　融合多元信息形态

Web 媒介可以承载和展现的信息形态极具多元化特征，随着技术的演进，Web 从最初只能展示静态的文字、图像发展到可以展示动态的音频、视频、动画元素。近年来随着 Web 技术的发展及网络带宽的不断增加，3D 对象以及 VR、AR 应用也越来越多地与 Web 相结合。在 Web 中，VR、AR 的内容和交互可以通过 HTML 5 引擎来创建，即 Web VR 和 Web AR。Web 作为载体扩展了 VR、AR 的应用范围，具有沉浸感的 VR、AR 内容也大大丰富了 Web 应用的体验，并带来了全新的应用场景。目前比较常见和流行的 Web VR 应用有虚拟博物馆，如图 1-10 所示，展示了谷歌虚拟博物馆"遇见维米尔"特展，虚拟博物馆不仅使文物或艺术品以更加逼真的样貌呈现，还可以令用户与之互动，打破了实体博物馆的局限性。此外还有熟悉的 Web AR 应用——谷歌的增强现实动物（AR 3D animal），使用时只需要在 Chrome 浏览器中搜索动物的名字，在搜索结果中找到 AR 卡，调用手机摄像头，将 3D 动物放置在所处的现实环境中，与物理世界相融合，如图 1-11 所示。

图 1-10　谷歌虚拟博物馆"遇见维米尔"特展　　　　图 1-11　谷歌的增强现实动物

1.3.3 动态交互性

Web 的交互性涵盖了时间和空间两个维度。Web 打破了时间限制，用户可以通过 Web 获取历史任何时间的内容并与其进行互动；Web 也打破了空间的限制，使得世界范围内接入互联网 Web 服务的人可以跨越文化进行交流和互动。同时，Web 的交互性还具有动态特征，结合人工智能、大数据等技术，实现 Web 页面的可定制化，根据不同用户喜好、特征、浏览习惯等定制专属的页面，做到"千人千面"，从而打造精准的用户体验。喜马拉雅 App 通过用户收听偏好设置，从而精准地进行内容推荐和定制，如图 1-12 所示，这也是目前内容类的移动 App 常用的一种模式，在内容类的网站中也非常普及，根据智能推荐算法为不同用户动态生成的 bilibili 首页，如图 1-13 所示。

图 1-12　喜马拉雅 App 的用户收听偏好设置

图 1-13　动态生成的 bilibili 首页

1.3.4 分布式信息

Web 信息组织方式允许将物理上离散的信息有机组织起来，通过设计在用户面前呈现出一个逻辑一体化的整体。Web 的信息来源是分布式的，一个完整的 Web 用户界面呈现的信息可以来自不同地理位置、不同类型的服务器，汇集于同一个 Web 界面，这就意味着 Web 可以将多种媒介的信息进行融合，甚至可以将数字世界和物理世界进行连接，使用户在一个 Web 应用中有更多接触点，从而拓展多样化的用户体验，同时也为设计师带来更多的创新机会。

1.4 Web 发展趋势

虽然万维网最初的诞生是为了满足科研机构科学家们信息共享的需求，在高速发展的三十多年间，Web 的发展和迭代也经历了 Web 1.0、Web 2.0 到 Web 3.0 的不同阶段，如图 1-14 所示，万维网已经成为社会经济支柱，把人类社会带入一个又一个全新的高度。

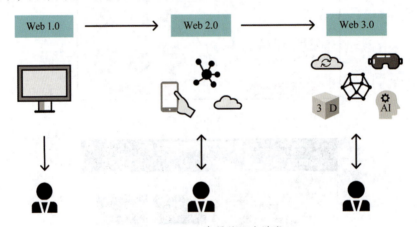

图 1-14　Web 发展的三个阶段

从 20 世纪 90 年代万维网之父蒂姆·伯纳斯·李发明万维网到 Netscape 等浏览器的推出，Web 迎来了 Web 1.0 的时代。Web 1.0 是最早期的万维网，是静态的 Web，只提供给用户有限信息的被动访问，内容创建仍处于起步阶段，几乎没有用户交互。用户需要一种简化的方式创建内容并与世界共享信息，更强的连接性、个性化和交互需求席卷了互联网，于是在 2008 年，第二代互联网出现了，Web 2.0 具有实时交互性、社交连续性，使得社交媒体平台、多人游戏等应用形式相继出现。同时，Web 2.0 具有允许用户生产内容的能力，使全球数亿网民几乎可以瞬间浏览用户生产的内容，这些无与伦比的体验带来了内容爆炸式的增长。2010 年左右，受到移动互联网及移动设备爆发式发展的推动，移动端应用程序占据了主导地位，这极大扩展了 Web 的交互性和实用性。

当今互联网正处在向 Web 3.0 迈进的时间节点，Web 3.0 代表了互联网发展的下一个阶段,代表着人们对互联网使用范式的转变。Web 3.0 是去中心化的网络,在 Web 2.0 中计算机使用 HTTP 协议的网址来查找信息,这些信息存储在固定的服务器上,而 Web 3.0 可以存储在多个位置,即去中心化,从而将更大的控制权交给用户。借助去中心化的 Web 3.0,由手机、台式计算机、车辆和智能设备等分散且日益强大的计算资源产生的数据,可以通过数据网络由用户掌控,确保用户的所有权和控制权。同时,Web 3.0 是由人、Web 和人、Web 和 Web 之间的智能交互驱动的,特征之一是其智能化能力,通过人工智能部署实现,机器经过训练可以处理各种来源的信息以提供给用户更有意义和个性化的内容。例如常见的地图服务,可以将位置搜索与实时路况更新、路线推荐、酒店推荐等相结合,提供更加丰富的体验。当人们开车时,可以简单地询问汽车系统语音助手一个问题,如询问可以去哪里吃粤菜,智能系统内置搜索引擎会为用户提供所在位置的个性化响应,通过自动查阅社交媒体评论,推荐与要求相匹配的不错的粤菜餐厅。另外,3D 内容也是 Web 3.0 的重要元素,有助于创建更真实、更具沉浸感、更吸引人的网络空间,一些未来学家将 Web 3.0 称为 Spatial Web,旨在通过个性图形技术来模糊物理世界和数字世界之间的界限,使 3D 虚拟世界变得清晰,用户可以通过 AR、VR、3D 效果获得更加沉浸的 Web 体验,与未来元宇宙目标和底层技术一致并且相互作用。

1.5　Web 前端设计范畴

人们常常将 Web 前端设计与网页设计联系在一起,通过这一节对 Web 前端基本概念、工作方式、应用形式、媒介特征等基本知识的介绍,发现 Web 前端设计是一个带有明显时代特征的名词,追溯其源头就是网页设计。Web 前端设计这一名词蕴含了从早期的互联网到当今移动互联网、智能时代发展背景下,Web 从最初的网页和网站逐步发展,拓展出更加多元化、更具包容性的服务和形态,它包含网页设计,但应用形式和涵盖的知识范畴远比网页设计宽泛,因为人们通常意义上理解的网页设计还是基于网站这一种应用形式。随着前端技术、智能硬件、网络技术的发展,Web 前端设计也呈现出更多新的设计思想和设计模式,为用户带来的体验也会越来越丰富。

Web 前端设计是艺术、设计和技术的融合,是一个典型的多学科交叉领域。对于用户来说,Web 是日常生活中最熟悉不过的人机交互界面,通过可见的前端界面获取信息并与之交互;对于 Web 前端工程师来说,通过 Web 标准和前端技术为友好易用的人机交互界面的实现提供保证;而 Web 前端设计师作为处于用户和工程师之间的角色,需要有较强的全局观,一方面需要具备良好的用户体验设计能力,能够站在用户角度,理解用户行为、分析用户需求从而制订设计策略和方案,输出友好的 Web 界面;另一方面需要具备与前端工程师顺畅地进行沟通协作的能力,保证 Web 界面的还原度。具体来说,Web 前端设计涉及用户研究、信息架构设计、交互设计、视觉设计、原型设计的能力,同时也涉及 Web 标准和基本前端技术,如图 1-15 所示。基于该知识体系结构,本书后续章节的内容将围绕 Web 界面设计与基本 Web 实现技术两部分展开。

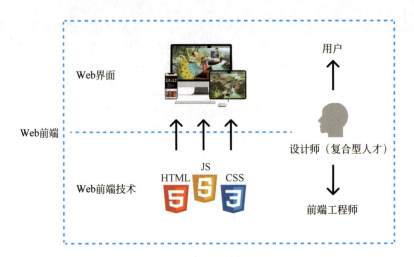

图 1-15　Web 前端设计知识体系结构

思考与训练

1. 什么是 Web？什么是 Web 的前端和后端？作用分别是什么？
2. Web 应用包括哪些类型？从自己使用过的 Web 应用中分别举例。
3. 结合自己使用过的 Web 应用分析 Web 的特点有哪些？
4. Web 3.0 的特征是什么？

第 2 章

Web 设计模式

2.1 不同终端的设计模式

Web 应用以各种终端为载体，不同的终端也蕴含不同的应用场景以及用户完成任务的方式。随着移动互联网和智能硬件的飞速发展，终端形态越来越多样化，Web 也从早期仅存在于 PC 端的网站形式，发展为适配手机、便携式计算机、台式计算机、电视、车载系统、智能手表等多种硬件终端，服务不同应用场景的人机交互媒介。因此下面将以不同的终端为视角介绍 Web 设计模式。

2.1.1 PC 端

1. 主要应用形式

PC 端的主要 Web 应用形式是网站。1999 年前后，在我国随着门户网站的出现和个人计算机走入普通家庭，人们进入了一个 PC 互联网的时代，网站作为该时代最主流的 Web 应用，从最初的延续传统媒体思想，也就是以提供内容为主、用户被动接收信息的模式，逐步发展为用户主导生成内容的互联网产品模式，人与内容的关系转向人与人关系的深化，Web 成为普通用户都可以参与信息组织加工的载体。现如今 PC 端虽然早已普及，但 PC 端网站仍然是重要的 Web 应用。随着互联网的高速发展，以及人工智能、大数据技术的渗透，今天的网站呈现出个性化、智能化的特点，可以通过理解用户需求，提供更加智能化的信息服务。例如第 1 章曾提到的,许多内容类网站会针对不同用户偏好和浏览行为进行个性化内容推荐和定制,还有现代搜索引擎,目前普遍结合了人工智能技术,为用户提供快速检索、相关度排序、兴趣自动识别等功能,百度搜索引擎根据用户输入信息的智能提示,如图 2-1 所示。

图 2-1　百度搜索引擎的智能提示

2. 终端特征

终端的设计特征是由其能力和情境特质决定的。能力特质侧重于终端在功能方面的表现,总体来说,PC 端具有屏幕尺寸大、外设丰富、高性能表现等能力特质。情境特质是指用户使用终端时所处的环境特点,PC 端通常适用于比较稳定和聚焦的场景。这两方面的特质与终端设计特征直接相关,PC 端由于屏幕尺寸大、视觉范围广,因此相比于移动端,同一页面可以容纳的信息量更大;PC 端有丰富的外设,用户的交互主要通过外接的鼠标、键盘等进行,因此 PC 端更适用于精确而复杂的操作;PC 端高性能的能力表现支持高度专业化的任务,多任务能力支持多种工作方式,通常用于家庭、办公等较为稳定的场景,适于处理需要长时间聚焦的工作。设计时既要充分考虑终端的能力和情境特质,针对用户任务匹配最合适的终端,同时也要充分利用和调动终端的能力特质,为用户带来更丰富的体验。

2.1.2　移动端

2007 年苹果发布了 iPhone,在手机形态上开创性地完全抛弃了实体键盘,引领手机向触摸屏模式发展。基于触摸屏的设计重新定义了手机的交互方式,用户通过在触摸屏上使用各种手势与设备直接进行交互,建立了人与设备之间更亲密的连接,使手机应用向更自然的人机交互方向发展。2008 年苹果推出了 App Store,重新定义了移动应用的生态圈,智能手机应用繁荣发展。自此手机不再仅限于是一个通信工具,而成为一个搭载各种应用、功能更加强大的智能移动终端。2010 年,iPad 在全世界范围掀起了便携式计算机热潮,移动性强、介于 PC 端和手机之间的多任务与精准交互能力,使得便携式计算机迅速成为流行的智能移动终端。苹果生态的快速构建为移动互联网奠定了软硬件基础。

根据玛丽·米克尔的互联网趋势报告,从 2012 年起我国的移动端用户已经超越了 PC 端,移动端流量持续增长,越来越多的企业开始向移动互联网布局,这代表了一个移动互联网时代的开启。这个时代下,移动端占据越来越多的用户视野,以手机和便携式计算机为代表的移动终端将人们的使用时间切割成碎片,多样化的移动应用除了可以满足原来大部分 PC 端的业务外,也开拓了更多更加细分的应用场景,满足人们多样化的需求。

1. 主要应用形式

相对于 PC 端,移动端的 Web 应用形式更加丰富,包含移动端网站、App、小程序等,下面分别介绍。

（1）移动端网站是 PC 端业务向移动端转移的主要应用形式之一。为了保证用户体验的连贯性，移动端与 PC 端网站底层的信息分类方式通常是一致的，但是考虑移动端用户使用习惯，即在碎片化使用场景中趋向于高频、短时交互行为，以及屏幕尺寸变小，移动端网站更需要在有限的屏幕空间中突出关键信息和核心的功能。在宜家家居的商品分类页面中，可以看到信息分类方式在移动端和 PC 端是完全一致的，保证了用户在不同应用场景的浏览体验一致性，不至于在不同终端切换的时候发生迷路的现象，如图 2-2 所示。但是移动端屏幕尺寸变小，用户交互方式、所处情境的变化，使得移动端网站在布局、元素、交互设计方面都与 PC 端有很大的不同。

图 2-2　宜家商品分类页面的 PC 端和移动端对比

（2）移动 App 是目前移动端最主要的应用形式，如第 1 章所述，根据具体的应用落地方案，混合式 App 是移动应用中最普遍的一种，兼具 Web 跨平台、开发维护成本低，以及原生 App 良好用户体验的优势。移动 App 的种类目前覆盖了人们生活的方方面面，这里按照用户需求进行了一个简单的分类，将其分为工具类、内容类、电商类、社交类、游戏类等，下面对每一类型进行简单的介绍。

工具类 App 主要是满足人们特定场景下的特定需求，需求往往非常明确，逻辑通常较为简单。例如打车 App 需要满足的是用户出行打车需求，外卖 App 满足的是用户点餐叫外卖需求，问诊 App 满足的是用户挂号就诊需求等。因此用户任务和交互逻辑都较为简单、直接。

内容类 App 是以提供新闻资讯、专业知识、资源等为主要内容的应用，从内容产出的角度又可以分为专业团队产出的新闻类 App，以及用户产出的各种生活分享类 App 等；从内容类型的角度又可以分为文字类、图片类、视频类等。

电商类 App 是满足人们线上购物、支付、物流管理等一系列相关需求的应用，如淘宝、京东、亚马逊、支付宝等。

社交类 App 是让用户彼此间建立联系的社交属性类应用，社交类 App 可以有多种分类维度，从用户相识程度可以分为熟人社交应用和陌生人社交应用，按照社交介质又可以分为文字、图像、语音、视频等不同类型。以微信为代表的社交类 App 用户数量大、黏性强，在此基础上已经拓展出多样的应用场景和多种业务类型，成为流量的入口。

游戏类 App 满足的需求是复杂且多面的，因为游戏可以创造一个虚拟世界满足玩家在真实世界中无法被满足的需求，因此游戏类应用在发展迭代的过程中可以不断与其他功能产品结合，从而不断拓展应用场景和业务，例如与社交类、电商类产品结合衍生出的社交、购物功能等。

（3）由于轻量、免安装、灵活的优势，小程序已发展成为目前主流的一种移动端 Web 应用类型，在生活中随处可见，例如在饭店就餐的时候拿出手机扫一扫二维码自助点菜的小程序，在商场逛街扫一扫二维码进入商家网上商城小程序等，通过小程序便捷地将线上和线下场景无缝连接起来。

第 1 章介绍过，小程序像是一种即时 App，小程序与移动 App 既可以相互独立，又可以互为补充。与移动 App 相比，小程序以微信、支付宝、百度等平台为入口，通过扫描二维码、平台搜索等方式就可以直接加载使用，无须安装，几乎不占用手机内存，真正做到了即用即走。由于产品定位和平台约束，小程序在功能上相对简单，很大一部分是在已有 App 成熟内容的基础上删减、重组形成的，工具属性更为突出。用户交互呈现更加短时低频的特征，符合即用即走的场景特征和产品定位。将豆瓣的 App 和小程序进行对比，可以看出与 App 包含的书影音、小组、市集等多种内容板块相比，小程序只保留了豆瓣最核心的功能，即书影音的评价和榜单，其他功能全部做了删减，更突出工具型的属性特征。同时，在视觉表现方面，由于受限于平台框架的约束，小程序在设计自由度和发挥空间上不如 App 灵活，在页面版式、控件、弹窗等方面都存在一定的差异，如图 2-3 所示。

图 2-3　豆瓣 App 和小程序对比

2. 终端特征

与 PC 端一样，移动端的设计特征与移动端的设备能力和情境特质直接相关。移动终端具有高度移动化的特点，用户使用场景相比 PC 端更加多元化和复杂化，用户使用时间碎片化，更多的是短时而高频的交互行为；由于屏幕尺寸相对较小，移动端设计应该更加简单直观，突出重要信息，考虑用户在特定场景下的信息需求及信息间关联，以便于用户快速流畅地完成任务；同时移动端也具有私人化的特点，以手机为例，用户通常都是 24 小时开机，随时用于处理个人业务和信息，且基本不会与他人分享。从设备能力上来看，手机具有多种传感器，如方向感应、重力感应、压力感应等，具有良好的环境感知能力，可以持续收集并处理环境相关的数据。交互方式上，移动端设备能力支持采用手势、语音、指纹、表情等更自然的交互方式。

2.1.3　PC 端与移动端的对比

结合 2.1.1 小节和 2.1.2 小节对 PC 端和移动端特征的分析对比，可以看出不同终端匹配的需求和任务是不一样的，在 PC 端通常处理更加复杂、更加专业化和需要更加精准操作的任务，而在移动端需要简单快速地完成任务。因此 PC 端的功能设计通常更加专业、全面，而移动端的功能需要更有针对性，方便及时快速地处理。反之不同的功能适配不同平台时也要考虑用户使用场景和设备能力的差异。通过 Kiwi Bank 的 PC 端和移动端网站首页，可以看到 PC 端首页全面展示了银行的个人、企业、国际业务，以及理财产品的推荐宣传等，而在移动端则充分考虑应用场景和需求，在有限的屏幕空间核心位置着重突出了查找附近的 ATM 机、一键挂失等功能，如图 2-4 所示。由于 PC 端屏幕尺寸较移动端更大，鼠标交互比手指交互更加精准，因此在信息组织上也要充分考虑用户的操作路径差异，通常 PC 端的横向信息更多，信息层级较移动端更深，移动端则趋向更扁平的信息结构。在页面布局方面，由于 PC 端页面表现空间更大，页面承载的信息量更大，因此布局可以根据内容划分采用横向多栏布局，充分而全面地展示各类信息，而移动端横向空间有限，多采用纵向列表或卡片式布局，按照信息重要程度从上至下依次排列，方便用户快速理解信息。将淘宝的 PC 端和移动端页面做对比，可以直观地看到这种设计上的差异，如图 2-5 所示。作为设计师在选择平台，以及规划信息结构和功能时应该充分地考虑 PC 端和移动端不同的特征，充分考虑用户使用不同终端的情境和目标任务制订设计策略，同时保证用户在不同终端间切换时体验的流畅和一致性。

图 2-4　Kiwi Bank 的 PC 端与移动端对比

图 2-5　淘宝的 PC 端与移动端对比

2.1.4　其他终端

以上讨论的是人们最为熟悉的 PC 机、智能手机、便携式计算机等终端，除此之外，在当今移动互联网智能化趋势下，许多传统硬件设备也都呈现智能化发展的趋势，例如手表、电视、家用电器、汽车，甚至门锁、水杯、球鞋等生活中再常见不过的物品，通过对其进行智能化改造，搭载智能、网络、大数据等技术与服务，令其拥有智能化功能，于是出现了智能手表、智能家电、智能汽车、智能门锁、可穿戴设备等多种多样的智能硬件。常见的智能终端通常是以软硬结合的方式，将硬件接入互联网，搭载操作系统，嵌入内置浏览器，加载互联网服务，实现软件与硬件或者是硬件与硬件之间的智能互联，于是在传统的互联网基础上进一步延伸和拓展为万物相连的物联网概念，这些智能硬件都可能成为 Web 应用服务的载体。飞利浦 hue 智能照明产品，外观与普通灯泡无异，通过连接的移动端 App 可以让用户随心所欲地设置个性化的家居照明环境，如图 2-6 所示。

图 2-6　飞利浦 hue 智能灯光

Web 发展经历了 Web 1.0 和 Web 2.0，目前正处在向 Web 3.0 迈进的时间点，而构建在 Web 3.0 之上的元宇宙也可以看作一种全新的、极具想象力的网络形态，将实现现实世界和虚拟世界的深度融合。VR、AR、MR 设备作为元宇宙的交互入口，被认为即将成为下一代计算平台，也是重要的智能终端。谷歌推出的 YouTube VR，提供给用户沉浸式地浏览 YouTube 内容的体验，目前已经支持 Oculus、HTC Vive 等多种 VR 头盔设备访问 VR 和非 VR 的 YouTube 内容，如图 2-7 所示。

图 2-7　YouTube VR

2.2　Web 元素

从设计元素来看，Web 从最初只能展示文字信息，逐步发展为可以承载文字、图像、音视频、动画等富媒体元素。2.1 节中介绍苹果公司官网从 1998—2018 年的迭代过程，除了前端技术的发展和网络提速，网站的设计元素越来越丰富多样，技术的革新和审美的变化也促使设计风格不断更新。文字、图像、音视频是人们非常熟悉的 Web 元素，这里不过多介绍，下面将着重介绍为 Web 增加沉浸感的 3D 元素。

随着技术和网络带宽的不断升级，Web 信息的呈现从最初的二维空间已经拓展至三维空间，3D 元素增加了丰富的层次感和纵深感，除了带来更具冲击力的视觉体验外，在各行各业中，如展览展示、医疗、游戏、商业营销、可视化等都有广泛的应用前景。Web 3D 在 3D 地图、医疗、游戏、建筑设计方面的一些应用案例，如图 2-8 所示。

(a) 3D地图

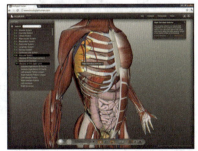

(b) 3D医疗

(c) 3D游戏

(d) 3D建筑设计

图 2-8　Web 3D 具体应用

随着 Web 3.0 和元宇宙概念的火爆，Web 端的沉浸式体验越发受到关注，新的媒介 VR、AR 与 Web 的结合，即 Web VR 和 Web AR，统称 Web XR，使得 VR、AR 以更便捷、更轻量的方式为人们所用，成为 5G 时代极具潜力的应用形式，在电子商务、展览展示、游戏、虚拟社交等方面已经开拓了大量的应用场景。同时，Web 的开放性也推动 XR 内容生态的繁荣发展。Mozilla Hubs——一个基于 Web 的虚拟协作平台，可以直接使用 URL 邀请其他人加入，支持移动设备、PC 及 VR 头盔，可以在绝大多数主流浏览器上运行，打破了空间的限制，为用户带来沉浸式的协作体验，如图 2-9 所示。信息社会对线上办公、虚拟会议、展览展示、课程教学、虚拟社交方面存在大量的需求，越来越多优秀的 Web VR 应用出现，VR 的临场感和交互体验与 Web 的便捷性、兼容性相结合，带来了传统应用无法满足的体验感，人们对其的认知度和接受度也得到了明显的提升。

与 Web VR 相比，Web AR 是一种更为轻量化也更易于普及的应用形式。Web 与 AR 媒介相结合，允许用户以 Web 页面为入口，通过手机摄像头，将物理世界与虚拟物体完美结合，带来一种全新的互动方式。重庆 IFS 推出的"Keep Smiling"沉浸艺术展，对经典 IP 形象进行了 AR 演绎，并通过 Web AR 让消费者扫描 IFS 外墙即可进行互动，如图 2-10 所示。

图 2-9　Mozilla Hubs 虚拟协作平台部分场景　　图 2-10　"Keep Smiling"沉浸艺术展中的 Web AR

2019 年开始微信小程序也开放了对 AR 的支持，目前基于微信小程序的 AR 应用几乎涵盖了生活的方方面面，如电商、出行、教育、游戏等领域。另外，Web AR 以 URL 格式传播，符合微信等社交媒体信息流动的基本技术要求，依附于微信这个庞大的流量入口，在传播性方面有天然的优势。一个比较流行的美妆产品 AR 试妆小程序，通过人脸识别和 AR 技术，让用户模拟真实化妆效果，为美妆产品线上购物带来全新体验，如图 2-11 所示；浙江博物馆"良渚来了"小程序，通过 AR 可以将展品放置在周围真实环境中观看，配合图文讲解，帮助用户对文物有更加深入的了解，如图 2-12 所示。

除了真正的 3D 元素，近年来，一种 2.5D 的 Web 展示方式也受到了普遍的关注。2.5D 指利用滚动页面这一常规的用户交互行为，在滚动页面过程中不同元素随之进行不同速率的运动，从而营造出接近 3D 的视觉效果。一个代表性的案例是清华大学美术学院 2020 年上线的 2.5D 线上毕业作品展厅（体验地址：https://exhibition.ad.tsinghua.edu.cn/2022/），如图 2-13 所示，通过超近、近、中、远前后四个景别图层的不同速度移动，制造一种

图 2-11 美妆小程序的 AR 试妆　　　　图 2-12 "良渚来了"小程序 AR 浏览文物

深度错觉体验,增强了线上展览的沉浸感,帮助观众更好地理解作品所传达的内容与情感。

图 2-13 清华大学美术学院线上毕业作品展

2.3 跨终端设计

2.3.1 响应式设计

随着越来越多智能终端的普及和流行,屏幕尺寸差异问题更加凸显,从智能手表,到智能电视,还包括不同尺寸屏幕的智能手机、便携式计算机、台式机等,甚至同一品牌的产品屏幕分辨率也在不断地变化。设计无法去追赶终端更迭的速度,单纯为一种设备做设计在当今无疑是不经济也不切实际的。跨终端的设计理念绝不是仅靠调整大小来进行适配,而是在设计的过程中就将不同的设备环境和用户行为考虑进去,纳入一个体系,保证各终端用户体验的最大化,使用户感觉内容专为平台而设计,而不是简单地缩放而来。同时为保证用户在不同设备切换时用户体验的一致性和连贯性,可以更快更轻松地完成任务,响应式设计(responsive design)应运而生。

响应式设计是一种根据不同的设备环境自动响应并调整 Web 页面显示的设计方法,核心思想是"一次设计,普遍适用",一个 Web 页面自动适配不同的终端,为现有和将来的设备提供最佳的浏览体验。Mozilla 网站的响应式设计如图 2-14 所示。

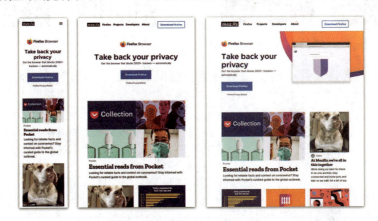

图 2-14　Mozilla 网站的响应式设计

如今响应式设计也在不断地发展,设计理念已不仅仅停留在只根据屏幕分辨率做自适应,而是成为一种设计模式,在这种设计模式中响应是双向的信息流动,设计师和技术人员考虑的不仅是屏幕尺寸,还包含了不同终端的应用场景及相应的用户需求、行为特征及设备的性能等。

2.3.2　智能系统设计

之前讨论的终端设计模式全部基于屏幕,几年前随着人工智能技术进入爆发期,人工智能、大数据不断在互联网领域发酵,越来越多的智能终端接入互联网,这些设备甚至不需要配有屏幕或计算能力。作为互联网的延伸和拓展,万物互联的物联网时代已经开启,设计的模式也跳出屏幕,实现了数字世界与物理世界的连接和融合。如图 2-15 所示为一种常见的以手机为核心设备的智能系统,智能终端接入互联网,通过各种传感器收集来自物理世界的信息,例如智能手表可以收集与人的体征和生理活动相关的数据,如心率、血氧、速度、姿态等。在云端进行数据的存储、计算,提取和计算得到的信息流向手机端供用户浏览和操作,这样就打破了数字世界的限制,将数字世界和物理世界连接,形成一个软硬件结合、多终端、多接触点的智能系统。这种工作方式常见于各种智能家居产品中。当多种智能终端和场景之间实现了可连接、可互动,就形成了一个更大的智能系统,即智能生态系统，智能生态系统可以脱离核心设备——手机而存在。

在许多互动装置艺术作品中，也常常能看到这种设计理念的融入。青年艺术家张阳的互动装置艺术作品《宣泄卫生间》将卫生间的马桶、水龙头、镜子等实物上加入了传感器、音视频模块和无线通信模块，实现卫生间与数字媒介的连接、互动。观众通过扫码直接进入 Web 页面，手机里想删除的照片或输入代表负面情绪的语言和符号表情会被没有水的马桶冲走。在手机 Web 页面里选择"水龙头"，然后将手机放置于真实水龙头感应器下方，便可以听到水龙头流水的声音，水流还会"流"进手机；在 Web 页面进入"烘手机"，烘手机便启动吹风，风吹进手机帮助清理多余的信息数据，如图 2-16 所示。通过轻量级的 Web 页面实现手机数据与硬件装置的连接互动，打破了屏幕的限制，将数字内容与真实世界进行连接和融合，是智能系统的艺术化表达。

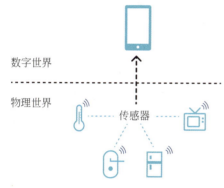 

图 2-15　一种智能系统示意图　　　　图 2-16　互动装置艺术作品——《宣泄卫生间》

W3C 启动的 Web of things 计划正是针对基于互联传感器为代表的物联网资源，以及基于 Web 应用和服务及其开放市场所需要的开放 Web 标准的研究，即将 Web 实体化，通过 Web 将更多智能终端聚集形成生态。谷歌把这样的概念称为 physical Web，口号是 walk up and use anything，即无须安装应用程序即可与任何物体或地点互动。这一 Web 标准化研究将极大拓展开放 Web 平台的应用空间。

思考与训练

1. 分析 PC 和手机的终端能力特征以及所代表的情境特质差异有哪些。
2. 分析移动端 App 和小程序各自的设计特征以及差异。
3. 除了常见的 PC 和移动端，请举例一个其他智能终端 Web 应用。
4. 跨终端设计的常见模式有哪些？优势分别是什么？
5. 如果要设计一款面向个人运动健康的 Web 应用，作为设计师你会选择哪些终端？请说明原因。
6. Web VR、Web AR 的优势有哪些？

第 3 章

Web 设计研究

3.1 Web 设计理论

3.1.1 设计思维

设计思维（design thinking）是以人为本进行创新设计的方法论，强调以探索人的需求为出发点，创造出符合其需求的解决方案。在世界范围内，设计思维已经普遍成为创新者们创新思维体系的一部分，在当代设计、工程技术、商业活动、管理等领域进行了广泛运用。

设计思维是一种跨学科的思维方式，它以解决问题为视角，打破单一学科界限，聚合多学科的思维、知识、工具，从而提出综合性、创新的解决方案，要求创新者具备跨越人文、商业、科技三个领域的能力，以用户为中心，同时强调技术的可行性和商业的可持续性。因此，近年来设计思维成为跨领域合作中的一种有效且常用的方法论，创造了许多商业乃至社会领域的变革。而 Web 前端设计是一个典型的多学科知识交叉融合的领域，在互联网高速发展的几十年，人类迈入智能化时代的大背景下，Web 前端设计领域面临的问题也越来越复杂和多元化，因此在 Web 设计流程中，将设计思维作为指导依据，可以帮助和激发人们综合利用跨学科知识更好地对复杂设计问题进行求解。

斯坦福设计学院将设计思维归纳为五个阶段，即同理心（empathise）、定义（define）、创意（ideate）、原型（prototype）和测试（test），五个阶段是非线性的迭代的过程，如图 3-1 所示。第一阶段是同理心，针对用户建立同理心，即通过进行用户研究，对用户和他们所面对的问题产生深刻理解和感同身受；第二阶段是定义，通过对第一阶段收集的大量信息的理解和分析，定义核心的设计问题和方向；第三阶段是创意，围绕第二阶段定义的问题，打破惯性思维，找出尽可能多的解决方法，以最终确定最佳方法；第四阶段是原型，将方案制作成可触可感的原型，成为整个设计方案的雏形或缩减版本；第五阶段是测试，通过收集用户使用原型的反馈，对方案进行验证和迭代改进。这五个阶段不必遵循特定的顺序，它们之间可以不断地迭代循环，在这样非线性的循环过程中，设计者不断获得新的见解，形成新的方案，扩展了解决问题的空间。

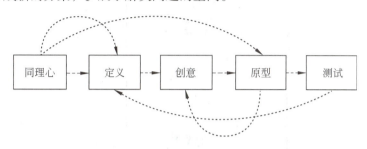

图 3-1　斯坦福的设计思维模型

3.1.2　用户体验要素

随着生产型经济逐步转向体验经济，体验逐步上升为产品核心竞争力，用户对于产品的需求层次从可用、实用、可靠转向易用、愉悦、有意义等更高层面。用户体验逐渐成为各行各业评价产品是否成功的重要标准，在竞争激烈、高速迭代的互联网行业更是如此。

Web 前端是 Web 产品中直接面向用户的部分，Web 前端设计应该以满足用户的需求和体验为目标，将用户体验设计作为核心设计思想和理念贯穿于 Web 前端设计的始终。Web 前端设计中的用户体验是用户与 Web 产品交互过程中建立起来的主观感受，这种主观感受的影响因素有很多，涉及用户的行为、喜好、情感等方面，因此用户体验设计不仅是人机界面视觉元素的组织和呈现，还是包含了认知心理学、设计学、社会学、人机工程学等多学科知识的系统工程。

由于用户体验的主观性和复杂性，设计师在对其进行衡量、分析和设计时，有必要使用经典的方法论作为指引。被称为 Ajax 之父的杰西·詹姆斯·加勒特在《用户体验要素——以用户为中心的产品设计》一书中提到，对于网站来说，用户体验比任何一个其他产品都显得更重要，并提出了用户体验要素模型，该模型提供了一个用户体验的基础架构，在此基础架构上，讨论用户体验的要素组成，以及用什么设计方法和工具来解决问题。用户体验要素模型虽然最初是针对网页设计提出的，但是从互联网到移动互联网发展的十几年间，该模型的普适性使其得到了广泛应用，成为用户体验设计的经典方法。

杰西·詹姆斯·加勒特将影响用户体验的要素划分成五个层次，从下至上依次是战略层、范围层、结构层、框架层和表现层，五个层面紧密交织在一起，每个层面可用的选择都受到其下层的约束，并随着层面上升，需要设计师做的决策从抽象逐渐变得具体，如图 3-2 所示。由于网站同时具有信息型和功能型两种属性，信息型更偏重于为用户提供信息，功能型则偏重于帮助用户完成任务，因此用户体验要素模型从中间把五个层面分开，左边要素用于描述功能型的平台类产品，右边用于描述信息型媒介类产品。下面具体介绍组成用户体验的五个层次。

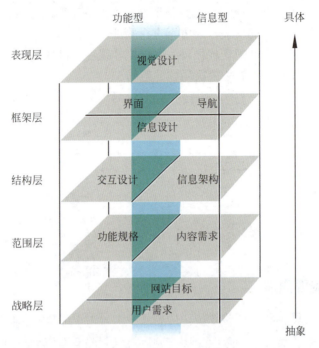

图 3-2 用户体验要素模型

战略层。战略层关注两个方面，一方面是用户需求，即用户使用这个产品的目标是什么；另一方面是网站目标，即网站通过这个产品想得到什么，可以是商业目标也可以是其他。

范围层。范围层是根据战略层的用户需求和网站目标确定的，根据用户需求从而创建产品的规格功能及内容需求。

结构层。结构层从范围层转化为交互设计和信息架构，即定义如何响应用户需求帮助其达成用户目标，以及如何合理安排内容元素以促进用户理解。

框架层。框架层被分为三部分，不管什么类型的产品，必须要完成的是信息设计，即设计促进理解的信息表达方式；另外，还包含了安排用户与系统功能互动的界面元素，即面向功能型的界面设计，以及引导用户在信息架构中查找需要的信息，即面向信息型的导航设计。

表现层。表现层是最直观的，它是功能、内容及感知的汇集，为用户创建最终的感知体验。

用户体验要素模型为人们把握无形的用户体验提供了具体的框架，它从理论上为后续的 Web 设计流程提供了指引。

3.2 设计研究的意义

设计研究是设计流程的起点，关乎整个设计开展的目的意义、用户需求的提炼定义，设计策略的形成是决定设计方向及用户体验的重要环节。设计研究主要通过用户研究、文献研究、竞品分析等方法，实现对设计问题的理解，对问题所处情境及对人的理解。此阶段通过收集大量的材料和数据，从中抽象、分析得到有价值的信息，从而指导后续的设计流程，提供策略和方向，是一个由感性到理性、由发散到收敛的过程。

设计研究的大体流程都是按照制定目标、开展研究、总结三个关键步骤进行的。首先，开始之前制订具体的目标非常重要，根据一个具体的目标可以以结构化的方式来制订提纲，根据提纲开展后续的研究过程，这也决定了整个研究的方向和收集的数据性质。其次，有了研究目标后，开展具体的设计研究需要选择具体的研究方法，即用某一种方法快速填补某一方面知识的空白。最后是分析调研的数据，总结形成有指导性的研究结论，或是发现隐含的需求和设计机会，或是对假设进行验证。下面介绍常用的设计研究方法。

3.3 设计研究的方法

3.3.1 用户研究

用户研究是定义用户群体，理解用户，了解用户的需求、痛点的方法，是以用户为中心设计流程的第一步，使用户实际需求成为设计的导向。设计思维的第一步是建立同理心，与用户体验要素模型最底层的战略层相同，都是针对用户达成深入理解，明确用户真正需求的过程。

用户研究首先需要定义用户，明确哪些人是设计的对象。目标用户是那些直接使用系统以满足某种需求的人群，除了目标用户，往往还需要关注对设计需求有间接影响的人群，即利益相关者（stakeholder）。有时候很难直接针对目标用户开展调研，作为与目标用户直接相关的利益相关者，对他们的调研可以帮助设计师获得有价值的信息，从而进行目标用户需求的分析提取。例如针对儿童、老年人的设计中，由于认知能力、表达能力等原因的限制，设计师可以转向家长、看护人等利益相关者的研究。

定义用户群体后，如果用户涉及多类人群，不便于针对性深入挖掘需求，可以有目标地进行用户分类，将全部用户细分成有共同需求的更小的群体。分类的维度有很多种，最常见的是按人口统计学指标划分，如性别、年龄、教育程度等，也可以按照行为属性等进行分类，如轻度、中度、狂热用户等。举个例子，在美术馆儿童观展体验设计课题中，首先将用户定义为生活在大城市、12岁以下、经常随父母参观美术馆的小朋友，发现这仍然是比较大的一个群体，于是再按照不同年龄段儿童的认知水平、观展特征，将用户群体细分为3~6岁的学龄前儿童和7~12岁的儿童，如图3-3所示。将目标用户进行细分后，便于设计师挖掘每一类人群的具体需求，也可以根据潜在的需求量进行权衡，选择一类细分人群作为最终目标用户，便于提出

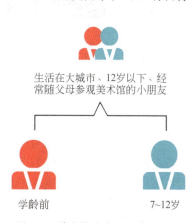

图 3-3 美术馆儿童观展体验设计中的用户分类

更具针对性和有效性的解决方案。

明确了目标用户，接下来具体开展用户研究的过程中，需要设计师走进用户，了解用户，带着同理心思考问题，合理高效地利用用户研究方法从更多角度挖掘用户的意图和需求。用户研究方法整体上分为定性和定量两类，其中定性研究是在小规模个体上，通过对用户和设计问题的认识、了解、发现，挖掘用户的行为动机和需求，包含访谈法、观察法、焦点小组等。定量研究则是对较大数量的用户样本，通过参数化的测量、描述、分析，从而找出规律和有意义的结论，常用的有问卷调查、眼动测试等方法。这里按照定性和定量两类，介绍一些比较基础且较为实用的用户研究方法和工具。

1. 访谈法

设计思维强调对个体的深入认识，访谈法正是通过与用户面对面进行交流以深层次了解用户的心理、感受、行为，是一种灵活、有效、应用十分广泛的研究方法。在进行访谈之前需要首先明确访谈的目标是什么，可以是针对设计方向的探索，也可以是针对具体设计想法的验证，根据目标制订访谈大纲，做到尽可能地全面细致。在访谈问题的设计上，应该是由浅入深，由粗到细，由一般问题到深入问题循序渐进地进行，访谈问题应做到清晰易懂，不存在歧义性，便于用户理解。在访谈的过程中，要做到认真倾听用户心声，逐步深入问题和背后的原因，并通过启发用户获得更多有价值的观点。访谈结束后要及时进行整理、归纳、总结，形成访谈记录和总结。在美术馆儿童观展体验设计课题中，采访人员在美术馆现场对观众和馆方工作人员进行访谈的场景，如图3-4所示。

图3-4　采访人员进行现场访谈的场景

2. 观察法

观察法是在真实情境之下有意识地观察用户的行为特征，观察法可以填补其他研究方法中难以获得的用户完成任务的细节，或者用户自身都没有意识到或者表达出来的信息，是了解用户、发现需求的有效方法，设计思维中认为观察是解决问题的起点。例如，当面向美术馆的儿童观众群体时，针对儿童、家长、馆方的访谈都只能还原部分儿童观展的行为特征和需求，只有在真实的场景中去观察，才能获得完整和真实的故事，捕捉更多其他形式无法获得的细节信息。观察法要求观察者保持好奇心，提高觉察力，打破生活中的理所当然，不断探寻和推敲事物背后的动因，从而获取有益信息，找到设计创新的机会。

如图 3-5 所示，在美术馆儿童观展体验设计项目中，通过在美术馆中观察儿童观展的行为特征，并结合访谈得到的信息，发现人们眼中顽皮的孩子在美术馆里跑、闹、玩耍，有时甚至影响到公众正常观展的行为虽然是天性使然，但从另一个角度看其中的原因，是由于目前的美术馆、艺术馆中缺乏对儿童的友好型设计，艺术品普遍具有抽象、难以理解、不能触碰的特点，与儿童的观展需求和教育目标产生了偏差。而美术馆作为公众教育空间，面对数量不可忽视且在日益增长的儿童观众群体，如何在不破坏美术馆整体氛围的前提下，针对儿童的心理特征和教育需求，挖掘艺术品的内涵和故事，增强互动与参与感，让孩子在玩耍中得到艺术熏陶是需要解决的问题，也是设计可以介入的一个机会点。

图 3-5　在美术馆中观察儿童观展的行为

在哮喘病儿童健康管理设计课题中，课题设计人员前往北京儿科研究所呼吸科开展了实地调研。在接触患儿和家长之前，设计人员理所当然地认为面对哮喘病这样一种反复发作的慢性疾病，患儿应该表现出焦虑、不安，甚至自卑等情绪，然而当他们在门诊观察和访谈了一定数量的患儿和家长后发现，出于年龄和认知水平的原因，孩子们并不了解发生了什么，在疾病没有发作的时候患儿不会表现出所谓的心理压力，与正常孩子无异，只有在需要口喷和雾化机药物治疗时才会表现出抗拒排斥，反而是家长对孩子的病情表现出更多的焦虑和压力。于是，设计人员的设计方向转为面向患儿和家长的真实需求，为他们提供不同的解决方案。这些都是通过走近真实用户，通过观察获得第一手信息后，对问题的理解更加准确和清晰而找到的创新设计机会点。

3. 问卷调查

问卷调查是常用的定量研究方法，是通过在目标人群中投放问卷并回收，从而对数据进行统计、分析以获得有效信息的方法。问卷调查首先需要明确调研目标，也就是需要思考为什么选择问卷法，预期解决的问题有哪些，样本选择什么人群这几个关键问题。根据调研目标有针对性地设计相关问题，问题的设计逻辑与访谈法的提纲设计类似，需要由浅入深，由封闭到开放式问题，循序渐进地进行，也可以将问题细分成若干主题，使被调查者更容易理解。同时，问卷需要确保是在目标人群中进行投放，回收后需要进行数据分析解读，从而得出结论。目前有很多网络问卷工具，如问卷星、爱调查等，可以供使用者在线创建问卷，便于分发给更多的参与者，同时提供了多种数据统计分析工具，能够生成饼状图、柱形图、条形图等多种统计结果，如图 3-6 所示，展示了通过网络问卷工具针对脱

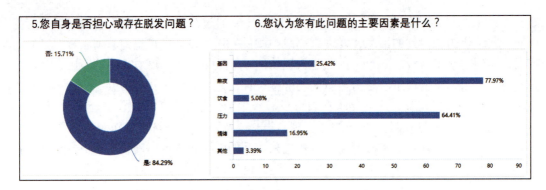

图 3-6　网络问卷工具的统计结果

发问题的部分调研统计结果。

4. 焦点小组

焦点小组（focus group）也是定性研究的常用方法之一，是由一位经验丰富的研究者主持，对一组用户展开访谈的研究方法。在实施焦点小组之前同样需要明确研究目标，即希望通过焦点小组获得哪些信息，根据研究的主题选择一定特征的受访对象，选取的这一组用户作为目标用户的代表性样本，需要兼顾多样性，以获得更加全面、客观的观点。相对于访谈法针对的是个体用户，焦点小组关注的是一个群体，使设计师有机会听取多方的观点。在访谈过程中由主持人抛出问题，并维持和平衡不同参与者的发言，随时掌控大家讨论的方向，确保讨论内容始终围绕"焦点问题"展开，因此要求主持人具备良好的沟通技巧，并且做好充分的前期准备工作。

上面介绍了四种最常用也是最为基础的用户研究方法，在面对实际问题时，需要根据研究的目标选择具体使用哪种研究方法或者哪些研究方法的组合，通常需要将定性、定量用户研究方法相结合，以获得更全面的观点，避免一种方法带来的固有偏差。具体哪一种方法能够快速填补某一方面知识的空白，哪一些方法的组合更适宜于研究课题，不仅需要依据具体的研究目标，各种研究方法的特点，同时还要根据效率、可执行度等问题来进行综合考量。在交互设计经典书目《交互设计：超越人机交互》一书中，作者写到"没有最好的方法和方法的组合，选择哪种取决于我们的目标相关的各种因素"。

5. 用户画像

用户画像最早由交互设计之父艾伦·库珀提出，是通过描绘目标用户或典型用户的真实特征，从而对设计面向的人群进行易于感知的建模，是一种有效的用户研究工具。在利用定性、定量方法对用户进行研究后，需要根据用户的目标、行为差异，把用户人群进行抽象并定义成一个或多个虚拟的角色，这样形成的用户画像可以帮助设计师还原用户信息，在设计过程中抛开个人喜好，带着同理心将焦点关注在目标用户的动机、行为上。用户画像一般包含了人物的姓名、人口统计学要素、目标、需求、场景等的描述，同时赋予其一张人物照片，使得对人物的描绘看起来更加真实，便于设计人员带入用户的视角和场景引导后续设计方向。下面给出一个用户画像示例，如图3-7所示。

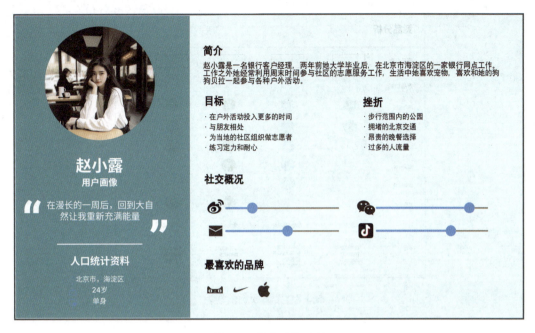

图 3-7　用户画像示例

3.3.2　竞品分析

竞品分析的概念最早来源于经济学领域，即对竞争产品的比较分析。随着时代的发展，竞品分析的含义更加宽泛，在很多情况下也针对非竞争关系的产品，如受众群体较大的标杆产品，或现有解决方案的分析。竞品分析广泛应用于商业领域，以作为产品战略规划的依据。在设计中竞品分析可以帮助设计师获取灵感，吸取经验，找到设计机会点。

竞品分析流程包含四个步骤，即设定分析目标，选择竞品，设定分析维度，分析总结。第一步，在进行竞品分析前需要有一个明确的目标，即进行竞品分析的关注点是什么，为了得出什么结论，目标既可以是宏观层面也可以是微观层面的，既可以是对竞品系统全面的了解，也可以针对某一方向做具体而深入的了解。第二步，明确了目标后需要根据目标寻找合适的竞品，前面提到竞品的含义比较宽泛，可以在解决相同问题的产品中寻找，也可以在不同领域，功能相似的产品中寻找，甚至可以选择跨界的解决方案，这些都有可能对设计创新产生价值。第三步，需要确定竞品分析的维度，即需要横向对比的指标参数有哪些，由于可能涉及的参数比较多，可以以用户体验要素模型为参考，围绕用户体验五要素，从产品定位、用户群体、功能规格、信息架构、任务流程、视觉表现不同层次系统地分析其优势和不足，也可以针对某一具体关注点进行深入分析，然后以表格的形式将比较的信息清晰呈现，如图 3-8 所示，展示了对儿童视力健康管理相关产品的竞品分析。第四步，也是最重要的步骤，即将竞品分析进行总结归纳，总结竞品值得参考借鉴的点，以及存在的问题、需要避开的点，进而可以提炼出设计机会点，同时也可以形成部分设计原则，指导设计实践。

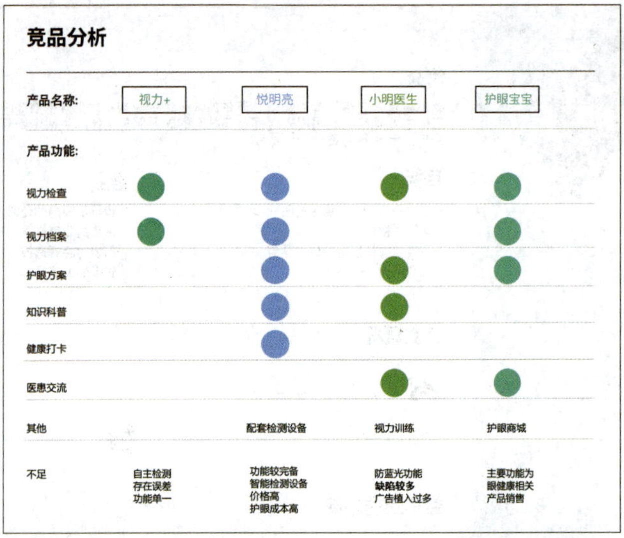

图 3-8　竞品分析示例

思考与训练

1. 列举一个使用数字产品不好的体验，尝试使用用户体验要素模型进行分析。
2. 如果要设计一个校园餐饮服务的 Web 应用，尝试分析可能的用户有哪些？可以分为几类？
3. 用户研究中定性和定量研究的常用方法分别有哪些？针对校园餐饮服务 Web 应用设计研究，你会使用哪些研究方法？目标分别是什么？
4. 选择两到三款常用的音乐类 App，尝试用竞品分析的方法进行比较研究。

第 4 章

Web 设计过程

从前期的设计研究中明确了用户需求,对于设计问题有了比较全面清晰的认识和理解,按照用户体验要素模型,需要进一步将获取的零散信息内容、功能特性进行梳理,形成逻辑清晰的有机整体,这一步设计过程包含了信息架构和交互设计。

4.1 信息架构的概念

Web 是一种信息组织方式,本身也是一个复杂多维度的信息空间,如何对信息进行统筹、规划、安排,便于用户理解信息,是 Web 设计中信息架构(information architecture)研究的范畴。在第 3 章的用户体验要素模型中,信息架构设计处于结构层,是将前期用户研究得出的分散的内容和功能清单,通过设计形成一个有机的整体,以促进用户理解并使用信息的过程。

现实生活中有很多信息架构设计的案例,举一个最常见的例子,一本书的目录就是将书中包含的信息进行分类、组织并通过有层次的标题呈现给用户,使用户对书的内容有一个整体了解,同时可以快速定位找到自己想要阅读的内容;再如图书馆通过系统的分类法,按照学科范畴和体系对图书进行不同层级的划分和编号,读者才得以在海量的图书中通过编号方便地找到自己所需;在现实生活中也有很多例子,比如商场根据商品或服务的类目划分的楼层信息,餐厅按照人们就餐的习惯设计的用餐、结账区域等,图 4-1 中展示了生活中的一些信息架构设计案例。

图 4-1　生活中的信息架构设计案例

在现实世界中，当人们走入一个陌生的建筑或者空间，往往通过自己对空间场所的感知能力，对不同场所功能的认知经验，以及场所提供的导视系统寻找自己想要到达的位置。而在数字世界里，当面对一个新的信息系统时，没有了物理世界的方向感，用户会通过已经建立的心理模型，以及系统提供的导航、标签等去评估信息之间的关系，从而查找自己需要的信息。信息架构的设计关系到用户是否能顺利、高效地找到想要的信息，是Web产品用户体验的重要组成部分。如今，终端设备、Web应用程序的多样性，信息的数量和形态都比以往更加丰富，面对海量的信息，信息的可查找和可理解显得更为重要，信息架构设计的重要性也更为突出，成为高效、优秀设计的骨架和基础。

4.2　交互设计的概念

交互设计（interaction design）研究的是人与产品、服务、系统之间的对话，关注的是可能的用户行为，以及系统如何响应用户的请求。站在用户的角度，交互设计是让人和产品、系统可以顺畅无阻地对话，确保产品有效、易用、带来愉悦的体验，是用户体验设计的重要组成部分。在用户体验要素模型中，交互设计同样处于结构层，相对于信息架构关注信息表达，交互设计更关注用户执行和完成任务的过程。

生活中的交互无处不在，它是一种人与物、环境的对话，包含人在环境中出于某种目的而产生的行为，以及周围物和环境对人的反馈。举一个最简单的例子，乘电梯时，人与电梯之间有哪些交互行为呢？当到达电梯口后，人们会按下"上楼"或"下楼"按钮，这时按下的按钮提示灯正常应该亮起，想象如果提示灯没有亮起，人们会对自己是否操作成功产生怀疑，而反复不断地再去尝试和确认；当按钮指示灯亮起，确认操作成功并开始等待电梯，这时开始关注电梯的"当前楼层"提示，根据当前楼层预估和判断大概的等待时间，想象如果电梯没有设置当前楼层提示，这时人们必然会产生一定的困惑和焦虑，因为对于等待的时间完全无法预估，甚至对于电梯是否在正常运行中都无法判断；当电梯正常到达后，走进电梯，观察电梯的操作面板，寻找去往楼层按钮并按下，在这一短暂过程中，人们心中会预设按钮的排布，这个过程其实调动的是之前已经建立的心理模型去进行判断，心理模型来自以往使用电梯的经验和习惯，如果排布方式和想象的不一致，人们会持续观察操作面板，重建心理模型直到找到对应的按钮。从乘电梯这一日常场景中可以看出，交互与用户体验密切相关，用户每一步的操作行为，随之而来的可能是轻松愉悦，也可能是令人迷惑、沮丧、挫败的交互体验。

从这一个交互案例中，总结交互设计关注的问题主要有几个方面。第一是人机交流，交互设计最基本要实现的是用户与系统之间的对话，确保人机能够轻松有效地相互交流；第二是动作和反馈，这是交互设计的核心，需要设计师理解和预测交互如何按照时间序列展开，并针对各种可能发生的排列进行设计；第三是状态，交互设计确保用户知道和理解系统当前状态，以便用户了解在特定时间什么类型的操作是可能或合适的；第四是工作流程，除了帮助用户完成单个任务，当用户目标涉及一系列任务，比如浏览、选择、购买商品时，设计师需要设计的就是工作流程，创建一套完整的应用程序帮助用户实现目标。第五是故障和错误，预测和缓解人机交互中出现的故障和错误，确保用户和系统都可以轻松恢复。

交互设计关注的是交互体验，设计师需要了解用户的目标和期望，以及使用产品的人的思维方式和行动习惯，同时还包括各种有效的交互方式，交互设计涉及心理学、设计学、计算机技术等多个学科知识，已经成为一门独立的学科。

4.3　信息与交互的关系

信息与交互都是决定用户体验的重要设计要素，信息架构与交互设计过程将设计师的关注点从抽象、发散的研究、决策，收敛为更具体的设计要素，是从设计研究到设计达成中间的重要连接线。信息架构给定内容需求，定义了内容元素的排列方式，解决它们是如何组织的，以促进人们对信息的理解；交互设计给定的是功能需求，它定义了用户如何与系统交互，以及系统如何响应。

前面的章节中曾介绍，用户体验要素模型将 Web 应用整体划分为信息型和功能型两大类，对于信息型的 Web 应用来说，常见的如新闻资讯类、媒体类网站，人们更关注的是通过信息的组织、分类、结构化，为用户提供易于理解、查找的信息结构。对于功能型产品，如各种移动端的 Web 应用，除了良好的信息结构，人们更关注用户的目标、任务、行为，以及系统如何响应用户的请求，从而形成良好的互动和对话，使用户轻松高效地完成操作。

近年来随着设计理念、商业模式和技术发展，除了信息展示的基本功能，Web 拥有了很多的新能力、新特性，信息型或功能型产品的边界已经越来越模糊，更多的是信息型和功能型的结合，如大多数资讯类、媒体类网站，除了提供信息内容外，还为用户提供收藏、预约、交流及电子商务相关的功能，这其中良好的交互体验依附于良好的信息架构基础之上，信息和交互是密不可分、相互作用的。举个简单的例子，如果把产品比作一家商场，通过信息架构设计对商场的商品进行组织分类，设计和规划相应的楼层信息，将商品规划至各个楼层的不同区域，目标是使用户可以自如地在商场里穿梭，高效率地找到自己想要的商品。与此同时，用户在逛商场的过程中也需要根据自己的目标执行一些任务，例如找到满意的商品后需要办理结账，结账之前可能还需要先加入商场会员，结账之后需要办理积分、换取停车票等,而且找到商品本身其实也是一种任务,都需要通过交互设计引导用户轻松顺畅地完成。

4.4 设计方法与工具

4.4.1 信息架构设计要素

如何着手进行信息架构设计呢?经典著作《信息架构:超越 Web 设计》提供了方法论,书中提到,优秀的信息架构设计是从用户、内容和情境这三个要素着手,并且在这三方面间取得平衡,这被称为信息架构设计三要素,如图 4-2 所示。

1. 用户要素

用户要素是指关注用户的需求、任务,以及查找信息的习惯、经验等,因为用户的类型、需求、行为和目标直接决定了信息如何被浏览。用户研究中得到的需求和功能规格,需要根据不同用户类型及需求优先级和权

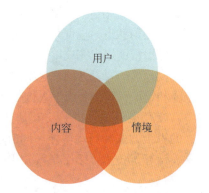

图 4-2 信息架构设计三要素

重来进行组织;信息架构设计应该与用户的心理模型相匹配,心理模型描述了人感知世界的行为和思维方式,很大程度上受到人们在使用互联网产品的过程中对同类型产品经验和习惯的影响。总之,在信息架构设计中考虑用户要素,目标就是用户打开首页就能判断主要功能是什么,如何使用,并且第一时间找到自己想要的信息。

2. 情境要素

情境要素是指产品的商业目标、模式、资金,以及政策、文化技术资源和限制等。Web 产品信息架构直接体现了产品的定位和服务目标的区别,例如以淘宝为代表的综合类电商,其定位是面向消费者品类齐全的网络购物平台,因此组织网站内容的主要方式是将产品按照人们现实生活中的购物习惯进行分类,如女装、女鞋、母婴、男装、家用电器等。而像 bilibili 这样以用户原创内容为主的视频网站,免费提供丰富的视频资源,并向全世界分享和传播,由于用户类型广泛、内容丰富多样,提供基于搜索和智能推荐的架构更方便于用户找到自己想要的资源,如图 4-3 所示。

3. 内容要素

内容要素是指提供给用户的具体内容,包括文件、数据、应用程序、内容组件等。内容与用户和情境要素都是紧密相关的,首先内容要素来源于用户的需求,关乎用户为什么访问和使用产品,同时信息架构设计中应该通过分类、排序、搜索以及组件的使用保证用户快速找到自己想要的内容。情境要素也决定了提供的内容,以淘宝和 bilibili 网站为例,淘宝的定位和目标决定了提供给用户的主要是商品信息,而 bilibili 提供的就是视频内容信息。

图 4-3　淘宝和 bilibili 的信息分类

4.4.2　信息分类方式

信息架构设计的目的是便于用户理解和查找信息，网站等 Web 应用承载着大量信息，以易于用户感知的方式进行信息的分类和组织是信息架构设计的基础。信息的分类大体上可以分为精准分类和模糊分类两种，下面分别介绍。

1. 精准分类

（1）类别。将信息通过相关性进行组织分类，这种分类方式无论在现实生活中还是数字世界中都有广泛应用。现实生活中，超市里琳琅满目的商品，都是按照商品类别进行分类和分区的，通常分为食品、清洁用品、日化用品等大类；图书馆中也是将图书按照学科门类进行分类和编号，便于人们查找。在 Web 中按照类别对信息进行分类组织同样非常普遍，符合人们现实生活中查找信息的常用逻辑，常见的有电商网站的商品分类，与超市或商场的商品分类方式非常相似；苹果官网按照产品类别进行分类，方便用户在相应类别中找到对应具体型号。类似的还有内容类网站，如爱奇艺，将视频资源按照电视剧、电影、综艺、游戏等类别进行整体分类，用户可以到相应类型中再进一步查找想要浏览的视频，如图 4-4 所示。

（2）时间。将信息按照时间顺序进行组织，是一种线性的排列方式，在强调时效性的应用中极为常见，例如新闻类网站、即时通信软件、论坛等通常按照时间顺序将最新新闻、消息、帖子排列在首要位置，如图 4-5 所示，展示了微信消息、新浪滚动新闻页面。

图 4-4　按类别对信息分类

另外，比较常见的还有日历、日程、计划等以时间维度记录信息的一类应用，可以方便直观地体现一定时间内信息的变化，符合人们对此类信息理解、查找的方式。苹果健身应用中以日历的形式对健身记录进行可视化展示，便于人们直观地查询某一天的详细体能锻炼信息，以及对一定时期内的锻炼情况和趋势做出分析和判断，如图 4-6 所示。

图 4-5　按时间组织信息　　　　　　　　　图 4-6　苹果健身的历史记录

（3）位置。根据物理或空间位置组织信息，也是人们生活中常用的方式，尤其是当信息具有不同位置来源时，这种分类组织方式最常见的应用就是地图。大众点评定位于不同城市的界面，位置信息在此类应用中扮演非常重要的角色，不同的位置提供的信息和服务不同，触发的界面也不一样，如图 4-7 所示。从图 4-7 中可以看出，当常驻北京的用户切换到上海时，系统会判断用户是从常驻地到达了一个新的地点，因此提供的信息会由附近或推荐信息转换为攻略、必吃榜、必玩榜等。

（4）字母。顾名思义是根据内容名称的首字母组织信息，这在生活中是一个组织较大数据量的好办法之一，易于掌握且使用起来非常高效，常见的应用有电话簿等以名字为标签的目录，或词典等参考性信息名录等。汽车之家的选车页面和携程旅行选择旅行目的城市的页面，均采用了首字母排序的方式，只要用户熟悉字母表，就可以在大量信息中方便高效地找到所需信息，如图 4-8 所示。

图 4-7　按地理位置组织信息　　　　图 4-8　按首字母组织信息

（5）连续性。根据信息的重要性或者能够衡量信息的共同标准来组织信息，如分数、价格、大小等。当信息可以用共同的标准进行衡量的时候，这种排序方式是非常有效的，例如新闻按热度排名，商品按价格或者销量排序等。在豆瓣选电影页面，用户可以选择按照电影的热度、评价等进行排序，如图 4-9 所示。

图 4-9　按电影的热度、评价等组织信息

2. 模糊分类

精准的分类方法在用户有明确的目标时具有较高的效率，但现实中用户往往没有明确的目标，例如想要在购物网站给父母挑选一件礼物，首先遇到的问题就是父母喜欢什么样的礼物，或是什么样的礼物是父母需要的，这时按照精准的分类无法得到一个直接的结

果，模糊分类就更加适用。常用的模糊分类有以下几种。

（1）用户。根据用户的年龄、职业、权限等不同身份特征进行分类，以淘宝为例，在"所有分类"中设置了"适用人群"标签，当搜索大类为"笔记本"时，可以在搜索结果中进一步按照学生、白领、商务办公人士等不同受众进一步地查找符合条件的商品，如图4-10所示。儿童服装品牌Carter's网站按照用户的年龄进行产品分类，面向不同年龄段儿童将产品分为baby（2岁以下）、toddler（2~5岁）、kid（4~14岁），便于消费者根据年龄标签锁定适合的产品范围，如图4-11所示。

图4-10 淘宝查找商品"适用人群"标签

图4-11 Carter's童装网站首页

（2）任务。Word可能是工作中最熟悉的按用户任务分类的应用，主菜单按任务分为"开始""插入""绘图"等，方便用户执行具体任务时使用。在移动端的应用中，按照任务分类也十分常见，引导用户去往不同页面完成不同类型的任务，如微信的主菜单项"微信""通讯录""发现""我"正是按照不同任务进行信息组织的典型案例，如图4-12所示。在地图类应用中，通常会按照不同的用户任务，分为"驾车""公交""步行""骑行"

图4-12 微信的主菜单

等，根据用户任务不同提供相应的内容，如图 4-13 所示。

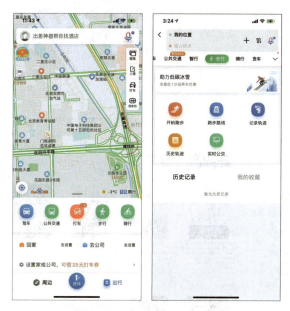

图 4-13　百度地图

（3）主题。按照不同的主题进行分类是内容类应用常见的分类方式，以新闻类网站为例，新浪新闻按照不同新闻主题设计了军事、体育、娱乐等一级分类，如图 4-14 中红色字体所示，一级分类下再根据主题细分为二级分类。音乐类应用如 QQ 音乐，按照音乐主题划分为情歌、儿歌、乐器等不同内容板块，如图 4-15 所示。

图 4-14　新浪新闻主题分类　　　　　　图 4-15　QQ 音乐主题分类

以上常用的信息组织分类的方式，在实际应用中，通常会采用多种方式组合的办法，这样更具灵活性，更加符合当今用户多种方式访问数据的行为特征。例如大型购物网站通常会提供商家信用、价格、发货地点、销量等多种方式，方便用户更加高效、精准地选择商品。在亚马逊网站中查找手机的页面，可以看出在手机大类下，除了提供按价格、用户评分、上架时间的查找方式，还提供按手机品牌、屏幕尺寸、操作系统、内存、颜色等属性相组合的混合式筛选方案，如图4-16所示。

图4-16　亚马逊查找手机页面

4.4.3　层级式任务分析

研究用户及其目标、任务是交互设计中的重要环节，任务分析是针对用户如何完成任务从而实现其目标的研究，通过对用户的任务进行分析，设计师可以发现现有流程中的问题和设计机会点，从而设计更流畅的交互体验，帮助用户轻松高效地实现目标。

层级式任务分析是最常用的任务分析方法，它是将用户任务不断拆解成不同层级的子任务，随着任务细化，对用户的任务和对应行为的理解会越来越清晰。因此在做层级式任务分析时，执行的步骤包括：确定用户的主要任务、分析完成主要任务必须执行的次级任务、进行任务流程优化。下面举一个具体的例子。

层级式任务分析是从一个目标和场景开始的，着重分析为实现它而需要完成的主要任务，以订购电影票这样一个常见的任务为例，可以回想自己生活中订票的行动流程，主线任务有选择影片、选择时间、选择影院、选择场次、选择座位、确认订单、完成支付。主线任务很清晰地列出了用户完成任务的顶层步骤，但是还比较粗略，有些没有触及用户与系统交互的具体行为，因此将主线任务再进一步拆解得出子任务，从而搭建出用户使用的具体路径，子任务的层级数取决于流程的复杂性以及设计师希望分析的颗粒度。以"选择影片"这一顶层任务为例，部分用户有明确的目标，进入软件后会直接选定目标影片，而部分用户没有明确目标，需要先了解影片的内容、评价等信息才会做出选择，这种情况可以再进一步分解出具体的子任务，包括：①打开软件；②查看热映影片；③查看影片简介；④查看评分和评价；⑤选定影片。

通过层级式任务分析可以使设计师尝试去探索用户完成相同任务的不同方式，新手用户可能比专家用户执行更多的任务，专家用户可能会跳过某些步骤，如上述选择影片的步骤，有明确目标的用户可以不需要查看而直接选定影片，即不执行子任务中的②③④，也可以执行上述子任务中的一个或多个，如在热映影片中直接锁定心仪的影片，这样就无须执行子任务的③和④。执行的顺序也不是唯一的，例如有人选择影片更关注其内容、导演、演员等基本信息，就会首先查看这部分内容，有人则更关注影片的评分和评价，将其作为决定性因素。在设计时需要考虑子任务间的流转执行，同时需要识别其中重复和不必要的步骤，以对任务进行优化，从而减少用户的认知负荷。

4.5 Web 组织结构

Web 应用是围绕组织结构来对所有信息内容进行组织、安排的，组织结构会塑造和影响用户的浏览方式，一致性高的组织结构可以帮助用户迅速地熟悉页面内容。信息架构的基本单位是节点，节点可以是任意的信息组合，在由许多 Web 页面组成的 Web 应用中，将一个 Web 页面定义为一个节点，组织安排这些节点有很多种方式，最终的结果就是形成 Web 的组织结构，下面将介绍几种基本类型。

4.5.1 单一模式

1. 层级结构（hierarchy pattern）

节点与节点之间是父子关系，如图 4-17 所示。层级结构是最为简单和常见一种信息架构模式，以网站为例，网站的首页作为最顶层，依次往下链接到二级页面、三级页面，再一直链接到底层的页面。苹果官网就是一个按照层级结构进行组织架构的案例，首页主导航提供了所有产品的分类，用户根据需要进入相应的产品大类页面（二级页面），再从中链接到具体的产品页面（三级页面），如图 4-18 所示。

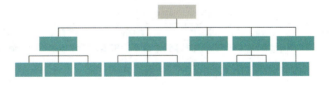

图 4-17 层级结构

层级结构适用于人们先阅读概览信息，然后根据需要跳转至细分的详细信息的信息浏览习惯。在层级结构的设计中，需要注意的是层级系统深度和广度平衡的问题，广度指每层的选项数，深度指层级数。考虑这样两种信息组织结构，如图 4-19 和图 4-20 所示，两种情况基于相同数量的信息节点，然而用户最终浏览的体验却会有很大的不同，层级过深的情况意味着用户比较难发现想要的信息，需要单击多次才能找到深层信息，过程中有可能迷失方向，甚至会选择离开；层级过广意味着分组过多，用户有可能面对冗长杂乱的菜单而不知所措，增加了选择的负担，因此要遵循的设计原则是应尽量达到深度和广度的平衡。

图 4-18　苹果的首页、二级页面、三级页面

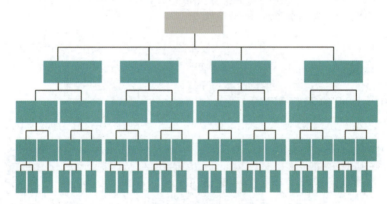

图 4-19　层级过深

图 4-20　层级过广

2. 数据库模式（database pattern）

数据库模式面向的是信息具有一致性结构的内容，在这种模式之下页面可能不具备明确关系，但是它们由相同的结构和内容块组织而成，如图 4-21 所示。最典型的案例是综合电商，数以亿计的商品信息以相同的标签进入数据库存储，商品和商品可能属于不同类目，并没有内在的关联，但是所有商品页面都由相同的数据标签和内容块构成。以亚马逊为例，前端展示的商品页面都包含商品名、规格、价格、商品详情、评价等相同的内容板块，如图 4-22 所示，天猫、淘宝、京东等电商平台都是如此。

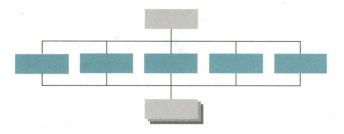

图 4-21 数据库模式

图 4-22 亚马逊不同的商品页面

　　类似地，数据库模式还适用于音乐、阅读、新闻类等具有一致性结构的网站，以及部分由用户生成内容的互联网应用，例如博客，面向数量庞大的用户生产的内容提供相同的数据标签和内容块，同时给用户提供了多个进入内容的入口，用以发掘感兴趣的内容，如标题、热门标签、兴趣小组等。

3. 超链接模式（hyperlink pattern）

　　超链接模式中的节点仅仅根据相互关系连接起来，没有强烈的分类，也没有主页的概念，而是充分利用 Web 页面自身的连接能力，因此被称为一种反结构模式，如图 4-23 所示。

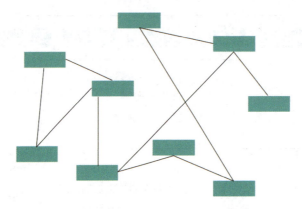

图 4-23　超链接模式

超链接模式的典型案例是百科类网站，作为可自由访问和编辑的全球知识体，百科类网站的内容通常没有主架构，每个页面都是独立的，通过超链接与其他相关页面相连接，如图 4-24 所示为百度百科页面示例。

图 4-24　百度百科

4. 线性模式（linear pattern）

线性模式是一种顺序结构，是人们在生活中最简单、最为熟悉的一种组织信息的方式，如书籍、杂志等印刷品都是按照这种方式组织内容的。对于 Web 应用来说，页面间可以按照某种顺序（如时间、字母顺序等）线性推进，或者按照固定的逻辑推进，从而形成一种先后顺序关系，如图 4-25 所示。

图 4-25　线性模式

常见的此类 Web 应用有教程、工具类应用，往往需要用户按照特定步骤理解信息或进行操作。地球时间轴（timeline of earth）网站（http://timelineofearth.com/）按照时间顺序可视化地展示了地球从无到有的演化过程，所有的内容都是按照时间的顺序线性推进，如图 4-26 所示。

图 4-26　地球时间轴网站

4.5.2　混合模式

除单独的信息架构模式，也可以将多种模式进行组合来灵活创建更复杂的信息架构以满足设计需要。以谷歌艺术与文化（Google Arts & Culture）为例，它是囊括世界各地超过 1000 家博物馆及艺术文化机构馆藏的线上博物馆，其功能上除了线上艺术品和历史文物的数字化呈现，还结合谷歌的技术力量推出了很多实验项目供人们体会和探索每一件珍品背后引人入胜的故事。因此网站的第一层架构采用了层级模式，即按照网站主要功能划分为"浏览作品""玩一玩"等。其中，"浏览作品"作为观众浏览各类藏品的总入口，在该选项下提供了多种信息分类组织方式，用户可以按照艺术家、材质、艺术运动、历史事件、场所等多种类别浏览藏品。而藏品部分使用了数据库模式，帮助网站管理超大规模的藏品信息集，以及适应藏品的不断更新变化，如图 4-27 所示，展示了层级结构和数据库结构混合模式。

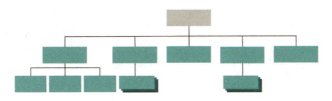

图 4-27　层级结构和数据库结构混合模式

类似的还有许多大型网站都采用混合信息组织方式，用以满足不同用户的需求。举个例子，有一些用户不会通过主信息架构来查找信息，而希望快速定位至自己感兴趣的内容，这时为他们提供一些快捷入口可以很好地解决该问题。例如百度新闻整体是一个层级模式的架构，信息按照新闻的类别和时效性进行组织和排列，如图 4-28 所示，对于那些关注和想要了解时下最热门话题的用户，在页面上提供了"热搜新闻词""热门点击"这样的特殊入口，帮助他们快速找到自己想要的新闻，这种混合式信息架构叫作集中入口点（focused entry points），如图 4-29 所示。

图 4-28 百度新闻

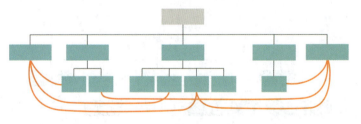

图 4-29 集中入口点

还有一类较为常见的是大型组织的网站，如政府、大学等机构，大多由许多子单位或职能部门组成，或者某一品牌由许多子品牌组成，这时既需要一个整体的内容呈现，又需要容纳各子单位、子品牌的信息架构多样性。如科普中国，作为中国科学技术协会主办的提供权威科普信息的门户网站，共包含了十余个子品牌，如科技前沿大师谈、科学原理一点通、军事科技前沿等，各子品牌网站的信息架构并没有统一规定，科普中国的首页承载了所有子品牌的入口，如图 4-30 所示，这种模式被称为子站模式，其结构示意如图 4-31 所示。

图 4-30　科普中国网站

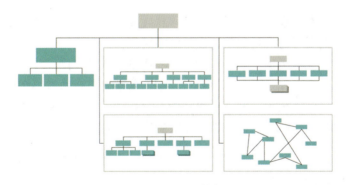

图 4-31　子站模式

思考与训练

1. 什么是信息架构？其设计要素有哪些？
2. 常用的信息分类方式有哪些？选择一款常用的工具类 App 或者网站，尝试分析其信息分类方式。
3. 尝试对通过外卖 App 订外卖这一任务进行层级式任务分析。
4. 常用的 Web 组织结构有哪些？选择一款常用的网站尝试分析其组织结构。

第 5 章

Web 设计表达

完成信息架构和交互设计,设计已经变得比较具体,按照用户体验要素模型,从结构层上升至框架层,需要考虑的是如何将设计的架构在页面中进行表达,通过用户界面进一步将抽象的设计方案变得更加具体,包含了在界面中合理地安排和放置元素,优化界面布局。最终,在表现层,也就是用户体验要素模型的顶端,需要通过感知设计为用户创建设计终极的感官体验,除了视觉,如何在设计中充分利用人类其他的感知通道,形成更加丰富、自然、人性化的用户体验,也是这个环节需要研究的内容。

5.1 原型的概念

原型是设计方案的有形表达,也是用于测试概念或过程而构建的产品样本或模型,还是设计思维和用户体验设计中不可或缺的部分,原型可以快速、低成本地测试或验证设计想法,收集来自各方的反馈,并且可以及时地进行改进,为进一步迭代和优化提供依据。

在每个人的童年记忆中,都有用纸、橡皮泥、卡片等一切可用的材料去构建想象中世界的物体模型,这非常接近产品早期开发的粗略原型概念。事实上原型的概念也非常的广泛,包括简单的草图或故事板、纸面原型、实物模型,甚至角色扮演等,各种形式的共同点就是原型是设计想法的一种有形形式,并且可以使用于设计的不同阶段,快速粗略的原型对于早期的测试和学习理解非常有效,原型也可以相对完整详细,用于产品设计开发接近尾声阶段的测试。

5.2 低保真原型

保真度是指原型与最终产品之间的接近程度,保真度可以在视觉、内容、交互方面有所不同。低保真原型主要的作用是勾勒出产品的流程以检查和测试其功能,而不保证产品的视觉外观与最终产品一致,因此低保真原型只呈现部分产品的视觉属性,如视觉层次、元素形状等。

手绘线框图是比较简单的一种原型形式,通过手绘线框和基本组件,可以在几分钟内创建、勾勒最初的设计想法,并且很容易修改,这是让所有利益相关者参与设计过程的有效方式,手绘线框图的示例如图 5-1 所示。线框图在内容上仅仅呈现一些关键元素,在交互中只呈现重要和核心功能所涉及的页面关系,视觉上也仅需呈现一部分感知属性,具有成本低、快捷、易于复用等优点,通常用于设计的最初阶段。

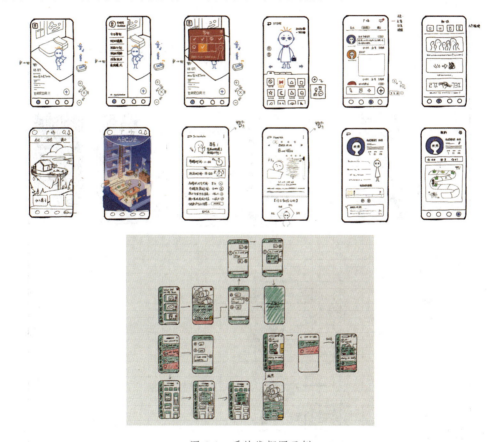

图 5-1 手绘线框图示例

除了手绘线框图,通过桌面原型工具可以创建低保真数字可交互原型,提供交互原型最简单的版本,通过线框来排列页面元素,并通过热点链接各个页面,与纸质原型相比更接近真实的用户体验,如图 5-2 和图 5-3 所示,分别展示了一个 PC 端和移动端的低保真数字原型。

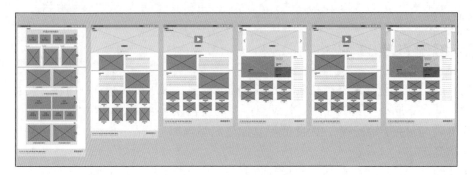

图 5-2　PC 端低保真原型

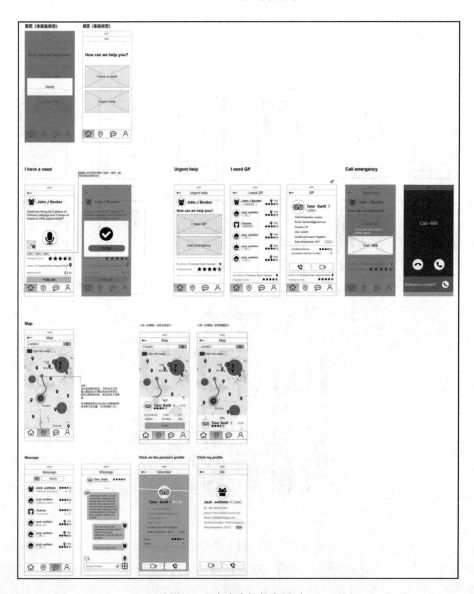

图 5-3　移动端低保真原型

5.3 高保真原型

高保真原型集成了大部分必要的资产和组件,所有界面元素、图形等视觉要素更像真实网站或应用程序的效果,具有高度的功能性和交互性,比低保真原型更加接近产品的最终状态。当产品的设计和功能已经比较完善,在设计和原型制作后期创建高保真原型,几乎可以模拟全部的功能和交互行为,可以帮助开发团队模拟大多数使用场景、用户操作,在正式进入产品迭代开发之前更适合收集反馈和进行可用性测试。

制作设计高保真原型是设计师必须掌握的技能,创建高保真原型可以使用各种交互式原型工具,常用的有 Adobe XD、Sketch、Axure,以及多人协作式原型工具 Figma 等,这些原型工具可以方便地构建线框图、流程图、交互原型,并支持 PC 端、移动端的网页、Web 应用程序设计等多种模式,提供多种动态交互、导航及其他组件功能,帮助设计师创建视觉丰富、功能强大、交互逼真和复杂动画效果的高保真数字原型。多终端的高保真原型示例如图 5-4 所示。

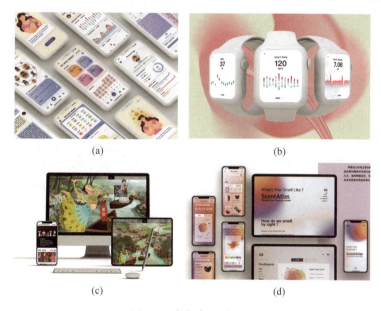

图 5-4 高保真原型示例

5.4 多模态原型

低保真原型和高保真原型是按照原型的保真度进行划分的,目前人们普遍谈论的保真度主要还是基于视觉属性,视觉因素的重要性不言而喻,然而用户是通过感觉器官来感知产品的,虽然视觉感知占据了绝大部分,但是其他感知通道不可忽视。同时,允许用户通过多种感官通道与系统进行交互,充分模拟人与人的交互方式,在一个即将全面到来的智能时代,已经成为人机交互领域的研究热点和未来的设计趋势。

"模态"(modality)一词来源于生物学领域,指生物体依靠感知器官接收信息的通道。人有五感,即视觉、听觉、触觉、嗅觉和味觉五个接收信息的感官通道,如图 5-5 所示,融合多种感官能力的多模态界面,将不同类型的视觉效果和语音、触摸等无缝融合在一个界面,使用户和机器的交流更加人性化。以目前相对成熟的语音交互来说,智能音箱产品是一个支持语音的多模态界面典型产品案例,当用户与智能音箱交互时,可以使用纯语音向机器发出请求,但是用户收到的来自系统的响应可能是多种模态的,包含了语音和视觉的响应,因此这里的语音和视觉不再像图形用户界面或语音用户界面那样是独立工作的,它们作为组成部分共同构成了系统的完整体验。

在商业原型工具方面,以 Adobe XD 为代表的原型工具,已经支持访问语音媒体,允许设计师使用语音命令和语音播放进行原型设计和制作,可以在一个应用程序中无缝连接屏幕和语音原型,并且支持在桌面端、浏览器、移动设备、配备亚马逊 Alexa 和谷歌智能助理交互功能的设备上,直接测试原型的语音交互,如图 5-6 所示。

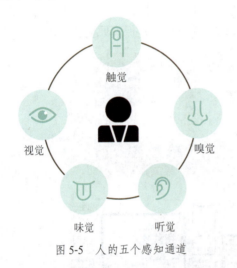

图 5-5 人的五个感知通道

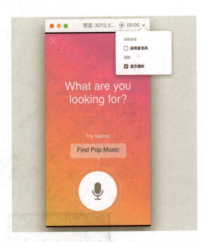

图 5-6 Adobe XD 语音交互原型

5.5 感知设计

如前所述,人主要有五个感知通道,基于每个通道的不同特点,有其适用的内容和场景,举个例子,当数据量比较大,尤其是涉及图表或很长的选项列表的时候,或者当产品信息或产品之间进行比较时(因为用户都希望能看到产品的外观形态),视觉信息是必不可少的,因为用听觉表达不容易理解和记忆。然而对于某些类型的信息,可以很容易很方便地依靠口头交流完成,如用户命令,语音成为一种高效的输入方式,可以越过图形用户界面(graphical user interface,GUI)的多层层级快速完成任务;类似的还有警告、通知等,尤其在驾驶过程中可以提高司机专注力,保证安全性。因此,感知设计必须从人的感知特性出发,下面将分别对人的五个感知通道的设计特点进行分析和介绍。

5.5.1 视觉

视觉通道是人类获取信息的主要来源,通过视觉获取信息占到人类获取信息总量的

80%以上。视觉是较为普及的图形用户界面的主要感知通道,通过文字、图形、图像、音视频、3D 模型等作为信息载体,将隐含的信息结构、交互逻辑以界面的形式整体表现并传达给用户,用户通过视觉通道感知来自系统的信息,并经过大脑的决策后做出反应,完成人与系统间的信息交换过程。除了信息的准确传达,视觉还可以感性地进行情绪表达,通过色彩、图形、质感、构图、字体的运用对用户进行视觉感官刺激,从而产生不同的心理状态,传达不同的情绪。以最简单的色彩为例,如红色代表了奔放、热烈、紧张、个性,蓝色代表平静、冷静、安宁等情绪。几乎所有的产品都离不开视觉设计,因此视觉设计是设计师应该具备的基本能力。

5.5.2 听觉

听觉是除视觉通道外人类获取信息的另一主要通道。相比于视觉有视场角的约束,听觉可以全方位地接收空间中的声音,是非常有效的信息输入方式。同时,听觉可以激发人类的记忆和情感,例如当听到亲人的声音,会感受到熟悉和亲切,听到喜爱的歌曲旋律会心情愉悦。听觉是语音用户界面(voice user interface,VUI)使用的主要通道,语音用户界面打破了人机无声交互,代表性的产品类型有 AI 语音助手,如苹果语音助手、亚马逊 Alexa,以及智能音箱产品如亚马逊 Echo、天猫精灵、小米小爱等。另外,语音作为视觉通道的有力补充,应用非常广泛,在智能手机、智能手表为代表的可穿戴设备、智能汽车以及其他智能设备中都较为普遍地搭载了语音交互的语音用户界面,手机和智能汽车中的语音交互界面如图 5-7 所示。在一些特定场景中,语音交互会发挥更大的作用和价值,如语音交互的易用性使得在驾驶场景中司机可以更加专注,提升驾驶的安全性;语音交互对视障人士十分友好,可以帮助他们打破障碍,便捷地使用各种电子产品,无障碍地理解信息。百度小度产品针对视障人士设计的视觉辅助功能,以语音交互和读屏的方式为视障用户提供顺畅的"视听体验",如图 5-8 所示。

图 5-7　手机及车载语音交互　　　　图 5-8　小度针对视障人士的视觉辅助功能

5.5.3 触觉

触觉是通过皮肤传递给大脑的信号，压力、温度、湿度、震动等都属于触觉的部分，归因于皮肤中不同的感受器。皮肤是人类最大的器官，人们每天都在通过皮肤感知世界，虽然触觉通道获取信息量的比例很小，只有 1.5%，但是触觉可以传达实体感，触摸带纹理的物体可以帮助人们进行决策，例如停电时在黑暗的房间中通过触摸就可以判断物体是什么，喝水时通过触摸杯子就可以判断水温适不适合饮用等。

除了丰富的视听体验外，触觉体验越来越受到重视，借助触觉，使人与计算机的交互能够为用户提供触摸虚拟物体的体验感。以智能手机为例，苹果在 iPhone 6S 上加入线性马达与 3D Touch，开辟了智能手机触觉交互的新篇章。目前看到一些手机端触觉交互应用，主要是通过振动的方式模拟真实触觉感受，例如在 iOS 计时器中，当拨动数字调节时间时会有清晰的声音和震动反馈，模拟了实体拨盘按钮的触感，同时使用户明确已经完成了操作。随着 iOS 13 长按震动反馈的出现，在很多移动应用中也逐渐加入了触觉交互，如知乎的点赞，微信的撤销消息，微信的"炸弹"表情等。另外，目前在虚拟现实领域触觉交互的应用和相关研究也十分活跃，触觉人机交互方式的研究解决了目前元宇宙的核心挑战之一——如何接触虚拟世界。借助触觉交互设备，如触觉手套，帮助计算机准确理解用户手势并做出反馈，再现压力、纹理、震动，在虚拟世界中模拟真实世界的触感；同时，用户与用户之间可以进行真实的互动，如握手、击拳等。目前的触觉交互技术还在攻坚阶段，距离模拟真实世界丰富多样的触感目标还有一段距离。Meta Reality Lab 研发的触觉手套，可以使两个用户在虚拟环境中通过虚拟化身玩 3D 拼图游戏，借助触觉手套可以体验虚拟物体的纹理、压力、振动等触觉效果，如图 5-9 所示。同时，在无障碍设计尤其是面向视障人群设计中，触觉交互具有非常大的应用潜力，清华大学未来实验室研发的触觉图形显示终端，致力于打造视障人士访问互联网的接口，使盲人可以通过触觉理解互联网丰富的图像信息，如图 5-10 所示。

 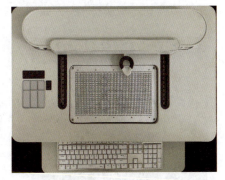

图 5-9　Meta Reality Lab 触觉手套交互　　　　图 5-10　触觉图形显示终端

5.5.4 嗅觉

嗅觉是生物进化史上最古老的感官功能，人类祖先通过嗅觉信息觅食来维持生存。嗅觉通道从信息输入比来说不高，只有 3.5% 左右，但是嗅觉与人类的本能反应、情绪直接相关，如浓烈的腐败气味可以清醒地告诉大脑要吃的食物已经腐败了，自然清新的香味可以瞬间让人心情愉悦，人的嗅觉系统也十分敏锐，可以分辨成千上万种不同气味。因此在探讨下一代自然交互界面时，嗅觉是不可或缺的信息通道。嗅觉交互方面，美国圣路易斯华盛顿大学从蝗虫的嗅觉得到灵感，开发出仿生机器人感测系统，可用于嗅出爆炸物等安全方面的应用；清华大学未来实验室研发的电子鼻，可以智能地识别水果腐败程度，减少人工成本，提升在售水果品质；谷歌领衔的科研团队进行的嗅觉深度学习，使用神经图形网络识别并预测气味等。在嗅觉体验设计方面，气味电影目前已经走进了大众的视野，气味电影在视听观影基础上增加了嗅觉的体验，气味随着剧情而同步切换，观众通过佩戴气味播放器使观影体验更加丰富、立体，如图 5-11 所示。

图 5-11 "气味王国"气味播放器

5.5.5 味觉

味觉是由舌头上的味蕾感知而产生的，因此人们可以从食物中感受酸甜苦辣咸等各种味道。味觉和嗅觉息息相关，都与人的生活品质密切相关，另外味觉可以使人们在进食时更有食欲，维持身体营养均衡和健康状态，还能帮助人们辨别腐坏的食物，降低食物中毒的风险。虽然目前研究人员在味觉仿生传感技术方面进行了一系列探索，开发有电子舌、食物模拟器等相关硬件设备，但是与机器嗅觉感知一样，还存在许多技术难题等待着科学家们去攻破，嗅觉和味觉交互在设计上还没有被充分利用和开发。

5.6 多模态交互

人机交互的方式从最初的通过纸带打孔到通过命令行操作，并随着计算机技术的成熟和发展向以图形为主的图形用户界面过渡，鼠标、键盘、触摸屏成为图形用户界面的主流交互方式，为人们普遍接受。随着人类社会步入 Web 3.0 时代，互联网的使用范式也会发生转变。Web 3.0 具有身临其境、智能化的特征，提供接近现实世界般的空间体验，为了实现这一点，在数字信息层上将扩展出一个空间交互层，通过自然用户界面（natural user interface，NUI），使用感官触发和控制。随着互联网的更新迭代与发展以及人工智能技术的不断突破，Web 设计平台会跳出屏幕，与物理世界形成联系和互动。在这种背景下，能够调动多感官通道的自然交互方式，即多模态交互（multimodal interaction）将会成为 Web 3.0 时代极具潜力的交互方式。W3C 专门成立多模态交互工作组（multimodal interaction working group），致力于开发和拓展允许多模态交互模式的 Web 标准，扩充 Web 以允许多种交互模式。除图形用户界面外，还包括语音、手势、触觉界面等，实现用户与各种设备的多模态交互，包括 PC、手机以及智能家居、可穿戴设备、智能汽车等。

感官共同作用是人类感知事物的方式，例如，当人们看电影时，视觉、听觉，甚至触觉、嗅觉会协同工作带来对电影的整体感受，去除任何一种感官通道，就会呈现出完全不同的体验和感受。多模态交互是指充分利用人的感官通道，通过自然的方式与虚拟或物理环境进行交流。视觉是人类接收和感知信息的主要通道，传统的图形用户界面正是利用视觉通道传达信息的，文本、图形、图像、视频等信息为人们提供了快速的视觉流量。然而，听觉、触觉、嗅觉和味觉同样在形成多感官体验中发挥着重要作用，为数字世界的体验拓展了多个维度。同时，多个模态之间可以互为补充，用户也可以在不同场景下选择不同模态组合进行交互，从整体上提升人机交互的自然度，为设计带来了更大的想象空间。

多模态交互最常见的产品案例就是智能音箱，通过视觉和听觉两个通道的融合和串联，结合场景为用户带来智能、便捷的体验。近年来流行的智能健身镜也是多模态交互的典型案例，智能健身镜选择了生活中最常见的物品——镜子作为载体，并利用了人们照镜子这一最普通、自然不过的行为作为交互方式，当用户跟着智能健身镜做健身、跳舞、瑜伽等运动时，通过人体姿态识别用户的运动动作，并将需要调整和纠正的动作信息通过语音和图形界面反馈给用户，形成便捷、自然、智能、趣味的沉浸式训练体验，如图5-12所示。

另外，智能汽车也是目前多模态交互落地的应用之一。除了传统的机械按键、触控按键，以及相对成熟的语音交互方式，人脸、手势交互甚至视线追踪、声纹、唇动、指纹等多种新型自然交互方式也已经在汽车中出现和应用，使得人与汽车之间的交互变得更加自然和轻松，从而降低驾驶员的交互认知负荷。举个例子，由于语音交互的准确率受环境噪声的影响严重，而车内驾驶场景通常是环境噪声、人员声音混杂，为了提高车内环境命令词识别率，奔驰的MBUX Travel Knowledge将语音识别与视线追踪结合起来，由视线锁定方向，再通过语音发出指令，可以极大地提高指令的识别率，如图5-13所示。类似的还有北极狐汽车，将语音与唇动识别结合起来，即使在嘈杂的驾驶环境中，结合唇动识别也可以保证较高的语音识别率。多模态交互打破了单一模态交互的局限性，显著改善了人与汽车的交互体验。

图5-12 智能健身镜

图5-13 奔驰语音识别与视线追踪的结合

思考与训练

1. 什么是原型？原型有哪些类型？
2. 什么是多模态原型？"模态"分别有哪些？
3. 请列举一个多模态交互的产品案例，分析通道感知设计在增强产品体验中发挥什么作用。

PART 2

技 术 篇

第 6 章

Web 设计技术——结构

　　Web 的设计到实现需要依靠 Web 前端技术的支撑，了解基本的前端技术对设计师来说十分必要，一方面有助于自身设计流程的改进，另一方面可以更加顺畅地与团队工程师进行沟通交流。从本章开始进入本书的第二部分，这部分内容涵盖了基本的 Web 前端技术，完成从设计到实现的过渡。

6.1　基本的 Web 标准

　　Web 标准主要是由 W3C 组织制定的一系列标准的集合，是用来构建 Web 的技术规范。一个 Web 页面主要由三部分组成：结构、表现和行为。对应的三个基本 Web 标准分别是负责页面结构的 HTML，负责页面表现的 CSS 以及负责页面行为的 JavaScript。

　　以盖房子为例来类比搭建一个 Web 页面，如图 6-1 所示。Web 的结构相当于一个房屋的骨架，好的地基和结构是房屋的基础保障，Web 页面也是如此，良好的 Web 结构是一个 Web 页面的基础保障，而 Web 结构是由最基础的 Web 标准——HTML 负责的；有了房屋骨架，需要对房子的外观进行打造和装饰，如粉刷不同颜色的墙体，安装不同大小、材质的门窗等，对于 Web 页面来说，在结构基础之上，是通过 CSS 来定义各个页面元素的外观的；为成为一个真正可以供人居住使用的房子需要保障基本的功能性，例如用户通过开关可以点亮灯光，打开水龙头可以使用自来水，Web 涉及的行为概念类似于房子的这种交互功能，以 JavaScript 为代表的脚本语言控制的就是 Web 的交互行为。

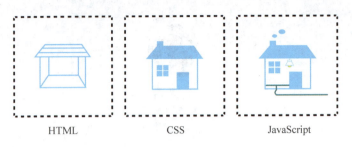

图 6-1　三个基本的 Web 标准

6.2　HTML 与 Web 结构

　　HTML 全称 hyper text markup language，中文是超文本标记语言，其中的超文本指一种信息组织方式，即通过超链接将文字、图像或其他信息与媒体相关联。HTML 是一种标记语言，是通过标记来描述 Web 页面结构的，是 Web 标准中最基础的一种，HTML 5 指 HTML 的第五个正式版本，也是 HTML 最新的版本。因为是文本语言，因此使用 Windows 系统自带的记事本就可以编辑，本书推荐 Sublime Text、WebStorm、HBuilder 等专业的代码编辑器，除了基本的代码编辑功能，还具有代码提示、拼写检查、代码着色等辅助功能，使用起来更加方便，可以提高编写代码的效率。Sublime Text 3 的代码编辑界面如图 6-2 所示。

图 6-2　Sublime Text 3 的代码编辑界面

　　HTML 负责 Web 页面的结构，那什么是 Web 页面结构呢？在生活中人们经常要阅读各种文章、书籍，良好清晰的内容结构是读者阅读和理解的基础和前提；撰写论文时，需要根据写作内容组织论文的题目、章节、层级标题、正文内容、图表等，这对于理解论文的内容十分重要。对于 Web 页面也是一样，清晰的 HTML 内容结构，无论对于用户理解页面信息，还是开发人员本身的开发效率，或是搜索引擎的读取速度都会大大提升。因此搭建 Web 页面结构的一个基本的要求，就是要保证即使在没有任何样式的前提下，仍然可以使人清楚地理解页面要传达的信息内容。

6.3 HTML 5 基本语法

6.3.1 HTML 标签

HTML 是用一个个标签来描述 Web 结构，并向浏览器进行传达的，浏览器不会显示标签，而是用标签来解释页面内容。标签的固定格式是用尖括号包围关键词，比如 <p> 是一个段落标签。标签大多都是成对出现的，包含开始标签和结束标签，格式分别是 < 标签名 > 和 </ 标签名 >。例如，描述一个段落时，开始标签是 <p>，结束标签是 </p>，完整的表示段落的 HTML 代码如下。

```
<p> 一个文本段落 </p>
```

开始标签和结束标签用来标识标签的作用范围，中间的一段文字"一个文本段落"是段落的具体内容，HTML 元素向浏览器传递的是开始标签和结束标签之间内容的结构信息。

相比于绝大多数成对出现的标签，有些特殊的标签是可以单独出现的，这类标签没有具体内容，被称为空元素。空元素用单独的标签表示，即在开始标签中关闭，例如换行，写法是
，浏览器读取到一个
 就会渲染出换一行的效果。

为了提供对 HTML 元素更多的描述，还可以给元素增加属性，写法是在 HTML 标签的开始标签中增加属性＝"属性值"，属性与标签中间用空格进行分隔，代码如下。

```
<p id="abstract"> 一个文本段落 </p>
```

当标签有多个属性时，中间用空格分隔，代码如下。

```
<p id="abstract" class="text"> 一个文本段落 </p>
```

以上代码中，属性 id 和 class 分别定义元素 p 的 id 和 class，是适用于绝大多数元素的属性，后面章节会具体介绍。

6.3.2 HTML 5 文档基本结构

一个 HTML 5 文档的基本结构如下。

```
<!DOCTYPE html>
<html>
    <head>
        <meta charset="utf-8" />
        <title> 页面标题 </title>
    </head>
    <body>
```

```
        你好，欢迎来到 Web 前端世界！
    </body>
</html>
```

其中第一行的 <!DOCTYPE html> 为 HTML 5 的标准声明，告诉浏览器使用 HTML 5 来渲染页面。<html> 是 HTML 文档的顶层元素，标识 HTML 文档的开始，所有 HTML 文档内容都包含在 <html> 和 </html> 标签之中，文档内容又分为两大部分，即"头"和"身体"，下面分别介绍。

"头"就是 <head> 和 </head> 标签之间的内容，"头"里放置的内容描述的是文档的各种属性和配置信息，如页面标题、字符编码、关键词、版权等，这些信息基本不会作为内容呈现在浏览器窗口中。文件头中 <title> 是页面的标题，会出现在浏览器标题的位置。<meta> 包含的是页面的元信息，如关键词、页面描述、字符编码等，示例中 <meta charset="utf-8" /> 指页面使用 utf-8 字符编码，utf-8 是全球通用的字符集，涵盖了全世界几乎所有的文字和字符，这样可以保证浏览器渲染时不会出现乱码。

"头"之后是页面的"身体"，即页面的主体部分，是包含在 <body> 和 </body> 标签之间的内容，也就是用户在浏览器窗口区域里看到的所有内容。将这一段完整的代码保存成 .html 格式，并在浏览器中打开，显示效果如图 6-3 所示。

图 6-3　一个基本结构的 HTML 页面显示效果

6.4　HTML 5 元素

Web 页面是由各种 HTML 元素组成的，本节将常见的 HTML 元素划分为页面布局元素、文本、图像、音视频、超链接、表格和表单等几种不同的类型，并通过案例介绍这些元素在实际中的应用，让读者了解在搭建网页结构时，具体应该选择什么 HTML 元素来表示丰富的 Web 页面内容。

6.4.1　页面布局元素

页面布局元素是和页面的版式布局相关的容器元素，这些元素在页面里标识了一块块区域，从结构上将整个页面划分成几部分，它们像容器一样，还可以放置其他的元素。按照元素是否含有语义将页面布局元素划分为语义元素和无语义元素两类来进行介绍。

1. 语义元素

HTML 5 强调语义化，语义化指 HTML 元素本身传达了关于标签所包含的内容类型的信息，用正确的 HTML 标签来表达正确的意图，便于浏览器解析和开发团队维护。HTML 5 中与布局相关的语义元素主要有 <header>、<main>、<aside>、<footer>、<article>、<section>、<nav>，下面分别介绍。

一个 Web 页面包含了许多元素，从整体的布局上来看，页面主体结构是由一个个区块或者容器组成的，这些区块或容器的作用是对不同的元素进行分组，从而构成了整个页面的布局，就像人的身体由头、躯干、四肢、脚等各个部分组成一样。以最为常见的两分栏布局的页面为例，百度的搜索界面，如图 6-4 所示，从整体上来看页面是由四个大的区块组成的，分别是页面的头、左栏、右栏和页脚。对应的页面布局元素分别是头 <header>、主内容区 <main>、侧边栏 <aside>、页脚 <footer>，这些都是语义元素。

图 6-4 百度搜索界面

<header> 标签标识页面的头部区域，一般放置页面的展示、介绍性的内容，或者导航、搜索框等，通常存在于网站的所有页面中。图 6-4 中，百度搜索页面中头部位置放置的元素有网站的标志、搜索框、登录框、折叠菜单，十分简约清爽，突出了搜索的主要功能。

<main> 标签标识页面的主内容区域，通常占据中心的大部分区域，放置页面的独有和重要内容。百度搜索页面中主内容区占据了页面的大部分空间，放置的是搜索的结果，也是用户使用搜索引擎主要想要获取的信息。

<aside> 标签标识侧边栏，通常是与主内容相关的附属信息，如超链接、引用、辅助导航等。在百度搜索页面中侧边栏位于主内容区的右边，放置的内容是与搜索结果相关联的信息，如相关的搜索词条等，供用户参考。

<footer> 标签标识页面的脚注部分，和头部区域一样放置站点的公共信息，相对来说不是特别重要，如帮助、条款、版权声明、联系方式等。

以上介绍的是经典的两分栏布局，在实际应用中根据页面版式的划分可以灵活地使用布局元素，以自由度很高的一栏式布局为例，如 GitHub 首页，整体划分为头、主内容区和脚三部分，可以利用 <header>、<main>、<footer> 三个标签分别标识，如图 6-5 所示。当分区增加，如三栏式布局，可以在两分栏布局的基础上增加侧边栏 <aside>，如图 6-6 所示，展示了 W3school 首页。

图 6-5　GitHub 首页

图 6-6　W3school 首页

HTML 5 中表示导航区域的标签是 <nav>，常见的应用有菜单、内容目录、索引等。一个页面可以有多个 <nav> 元素，如苹果官网首页中，页面头部的主导航和脚注部分的菜单都适用 <nav> 元素，如图 6-7 所示。

图 6-7　苹果官网首页中的 <nav> 元素

除了上述布局相关的语义元素外，HTML 5 中还提供了 <article> 和 <section>，这两个标签可以表示页面中的区块，下面分别介绍。

<article> 标签字面意思是文章，实际上 <article> 可以标识文档中一个独立的区域，既可以是一篇文章，也可以是一则论坛帖子、用户评论，或是一个独立的交互部件和工具等，CSDN 网站的一个文章列表页面由多篇文章的概要组成，每一则文章概要是一个独立的区域，都可以用 <article> 标签来进行标识，如图 6-8 所示。同时，<article> 也可以嵌套 <article>，表示两个标签内容的关联性，如一篇文章里的评论。

<section> 标签字面意思是区段，标识文档中的节或段，通常是具有相似主题的一组内容，适用于组织页面，使其按照功能分块。百度新闻中的新闻分类模块，以及标签页等都适合用 <section> 标签标识，如图 6-9 所示。

图 6-8　CSDN 文章列表

图 6-9　百度新闻分类页面

2. 无语义元素

区块 <div> 是一个常用的容器元素，用于把文档分割成独立的区块，与上述 <section> 和 <article> 等语义标签不同，<div> 不含语义信息，即作为一个通用容器，不表示任何特定类型的内容。以经典两栏式布局为例，除了使用语义标签 <header>、<main>、<aside>、<footer> 表示四个分区，也可以采用四个 <div> 标签表示，如图 6-10 所示。

虽然 HTML 5 强调语义化，但是目前的 HTML 5 语义标签并不能完全满足实际需求，因此 <div> 元素作为一个通用的容器元素，可以在语义标签不能满足的情况下派上用场，在实际开发中依然是使用频率非常高的布局元素。例如，针对图 6-10 中的两栏式布局，如果需要所有内容整体居中显示，需要用一个容器将四个区块整个包裹起来，再实现整个容器的居中显示，这时候 <div> 标签作为通用容器是个很好的选择，如图 6-11 所示。

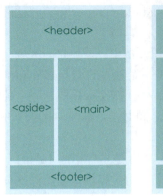 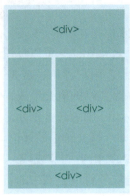 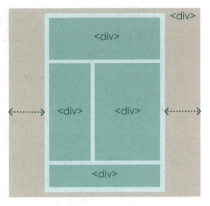

图 6-10　分别用语义标签和 \<div\> 标签表示两栏式布局　　图 6-11　整体居中的两栏式布局

6.4.2　文本元素

1. 文本标题

HTML 的文本标题（heading）与在 Word 中撰写文章的分级标题非常相似，对于用户迅速了解内容，以及搜索引擎编制内容索引十分重要。HTML 中定义了 6 个不同层级的标题用于创建页面信息的层级关系，分别用标签 \<h1\>、\<h2\>、\<h3\>、\<h4\>、\<h5\>、\<h6\> 来表示，其中 \<h1\> 表示最高层级的标题，其次是 \<h2\>、\<h3\>、\<h4\>、\<h5\>，\<h6\> 是最低层级的标题。因此在默认情况下，浏览器中显示 \<h1\> 文本字体最大，\<h2\> 次之，\<h6\> 最小，标题字体默认情况下都是加粗显示，以区别于普通文本，6 个层级标题在浏览器中的显示效果如图 6-12 所示。

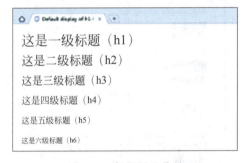

图 6-12　标题显示效果

在学习 HTML 时不需要太在意元素的默认样式是怎么样的，更不要为了显示某种样式去使用某个标签（如为了加粗而使用标题标签），因为 HTML 只负责页面的结构，页面的样式和表现是通过 CSS 定义的，也就是说内容和样式应该是完全分离的，后面的章节会具体介绍 CSS。

网站中一些标题标签的应用，如文章的标题、列表的标题、商品的名称等，都可以用标题标签来表示，如图 6-13 所示的商品名称和新闻标题。

图 6-13　网页中的标题应用

2. 文本容器——段落

大多数的结构化文本都是由段落组成的，在阅读报纸、书籍、杂志时，分段会使阅读体验更加轻松愉快。Web 页面也一样，HTML 标签 <p> 就是用来定义段落的，一对 <p> 标签标识了一个段落区域，浏览器默认会在每个段落后进行换行。当定义两个段落时，代码如下，显示效果如图 6-14 所示。

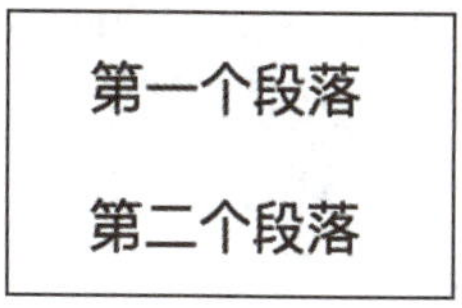

图 6-14　段落显示效果

```
<p> 第一个段落 </p>
<p> 第二个段落 </p>
```

除了单纯作为文字容器，段落还可以表示页面中一个内容独立的部分，例如与文字内容搭配的图片等元素也可以与文字包含在一个段落里。

3. 文本容器——行内元素

标签 <span> 用于组合文档中的行内元素，具体来讲，在一个段落中如果将一部分文本独立出来，表达一个行内的逻辑区块，这个区块将来可以应用不同的样式与其他文本区分，该区块没有语义信息，这时可以用行内元素 <span> 标签进行标记。举个例子，在网页上一些文本样式与其他文本不同，选取 W3school 里的一段提示和注释文字，如图 6-15 所示。

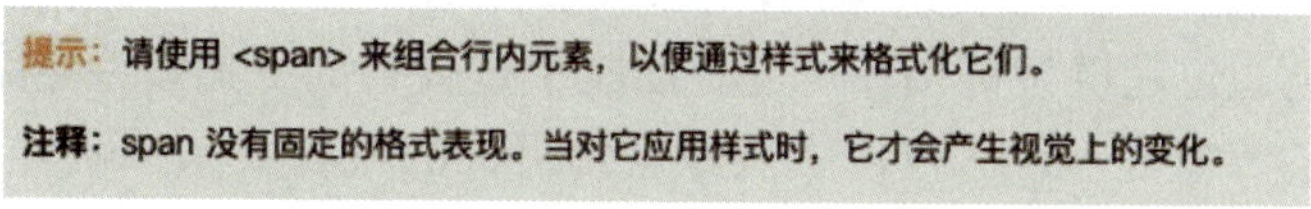

图 6-15　W3school 网站中的 <span> 元素

图 6-15 中 "提示" 使用了加粗的橘红色字体，"注释" 使用了加粗显示，区别于周围文字的样式。因此，可以用 <span> 将特殊样式的字体包裹起来，在段落中形成一个独立的结构，便于单独定义其样式，HTML 代码如下。

```
<p><span> 提示：</span> 请使用 span 来组合行内元素，以便通过样式来格式化它们。</p>
<p><span> 注释：</span> 没有固定的格式表现。当对它应用样式时，它才会产生视觉上的变化。</p>
```

浏览器中 <span> 元素默认样式与普通文本没有区别，样式的定义需要通过 CSS 来完成。

6.4.3　超链接

1. 相对路径

常见的表示文件存储位置使用的路径表示法叫作绝对路径，绝对路径是从盘符开始表示的文件的完整路径，如 D:/demo/images/image01.jpg，绝对路径的缺点是站点不容易移植，因此在 Web 开发中很少使用。网站内部的页面和资源之间建立超链接使用的是相对路径，相对路径是指由当前文件所在路径引起的其他文件的路径关系，与绝对路径的不同在于描述路径时的参考位置不一样，相对路径是以当前文件作为起点位置的。举个例子，文件

1.html 的绝对路径是 D:/www/html/1.html，文件 2.html 的绝对路径是 D:/www/html/2.html，因此，1.html 相对于 2.html 的路径就是 1.html。

根据文档不同的相对位置关系，相对路径表示方法如下。

情况一，如果链接到同一目录下，则只需要用链接文档的名称表示，表示方法如下。

```
<img src="bg.jpg"/>
```

情况二，如果链接到下一级目录，则需要先输入目录名，然后加"/"，再输入文件名，表示方法如下。

```
<img src ="images/bg.jpg">
```

如果链接到上一级目录，则需要先输入"../"，然后输入目录名、文件名，表示方法如下。

```
<img src = "../images/bg.jpg">
```

2. 超链接元素

超文本的特征就是可以超链接文档，因此超链接是万维网实现信息聚合的重要元素，Web 上的信息正是通过超链接链接在一起，摆脱了过去查询工具按特定路径查找的限制。

超链接元素的标签是 <a>，包含了从源点到目标的跳转关系，跳转的目标范围很广，可以是另一个 Web 页面（站点内或站点外），也可以是一幅图像、一个文件、一个词、一个邮件地址等。超链接必须搭配 href 属性，其标识链接目标的路径信息，如要跳转到本地站点中的其他页面，href 属性的值是该页面的相对路径，如跳转到站点同一目录下的 index.html，代码如下。

```
<a href="index.html">超链接</a>
```

浏览器默认的超链接文本样式与普通文本不同，光标悬停在超链接文本上会变成一个手的形状，提示用户可以单击。同时超链接文本样式默认在鼠标单击前是蓝色加下画线，单击中是红色加下画线，单击后会变成紫色加下画线，如图 6-16 所示。

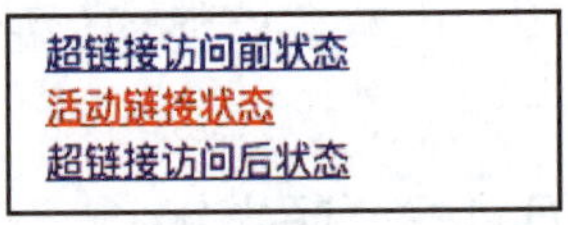

常见的网站里各种友情链接、搜索引擎的搜索结果等，都需要从当前站点跳转到外部站点，这时 href 属性的值应是链接页面完整的 URL 链接，表示方法如下。

图 6-16 超链接显示效果

```
<a href="http://www.w3school.com.cn">W3school</a>
```

6.4.4 图像、音视频元素

在 Web 站点中，为保持良好的站点结构，需要为所有超链接的图像、音视频等资源分类建立文件夹，例如图像专门放置在站点中名为 images 的文件夹内，视频放置在名为 video 的文件夹内，音频放置在 audio 文件夹内等。在大型的 Web 站点中还会在 images、video、audio 下再建立子目录，按照细分的用途放置资源。一个站点的目录结构，如图 6-17 所示。

1. 图像

在 HTML 中图像用 <img> 标签标识。<img> 是一个单独出现的标签，不需要结束标签，<img> 需要向浏览器传达图像存储的路径，因此必须搭配属性 src（source），其规定图像存储的路径信息写法如下。

```
<img src="url"/>
```

其中，url 是图像存储的相对路径，如插入本地站点中的一张图像，代码如下，显示效果如图 6-18 所示。

```
<img src="images/html5.jpg">
```

图 6-17　站点目录结构示例

图 6-18　在网页中插入图像

2. 音视频

HTML 5 的音视频分别用 <audio> 和 <video> 标签标识，写法也非常类似。

```
<audio controls="controls">
  <source src="song.mp3" type="audio/mpeg">
</audio>
<video width="320" height="240" controls="controls">
  <source src="movie.mp4" type="video/mp4"/>
</video>
```

其中，属性 width 和 height 规定的是视频显示窗口的宽度和高度，另外，不同浏览器中的播放器窗口样式存在差异，可以在不同的浏览器中进行测试。

6.4.5 列表

列表代表一组数据的组合，这些数据项被称为列表项。HTML 中的列表分为无序列表 <ul> 和有序列表 <ol> 两种，列表项都用 <li> 表示。无序列表用来表示一组没有顺序的列表项组合，因此在默认情况下，浏览器会在列表项前显示一个原点做装饰。无序列表的具体写法如下。

```
<ul>
   <li>第一项</li>
   <li>第二项</li>
   <li>第三项</li>
</ul>
```

在浏览器中的显示效果如图 6-19 所示。

有序列表用来标识一组有顺序的列表项，默认情况下浏览器中会在每个列表项前用小写的阿拉伯数字显示顺序编号，写法如下，显示效果如图 6-20 所示。

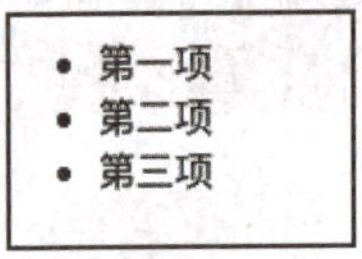

图 6-19　无序列表显示效果

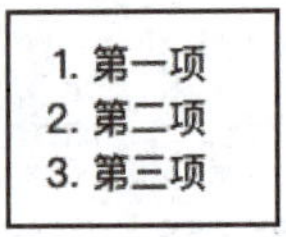

图 6-20　有序列表显示效果

```
<ol>
   <li>第一项</li>
   <li>第二项</li>
   <li>第三项</li>
</ol>
```

列表的基本功能是有条理地组合信息条目，而 Web 页面中结构相同、内容相关、样式类似的信息，也可以利用列表进行组织。列表的使用十分广泛，一类列表如新闻网站里大量存在的新闻列表通常是用无序列表表示的，因为新闻列表中的项没有先后顺序之分，如图 6-21 所示，展示了百度新闻列表。另一类列表如商品的热销排行榜、新闻热搜榜等，是有排名之分的，因此使用的是有序列表，如图 6-22 所示，展示了百度热搜榜。列表项除了文字内容外，还可以放置图像，即用列表容器来排布多张图像，方便实现多行多列的图像布局。

另外，导航条中的具体内容也经常用列表标识，因为导航本身就是多个信息条目的组合，如图 6-23 所示，展示了各种导航，尽管样式上各不相同，但是结构上都可以用无序列表 <ul> 标识，因为各个项没有顺序区分。此外，还有一种导航，叫作面包屑导航。面

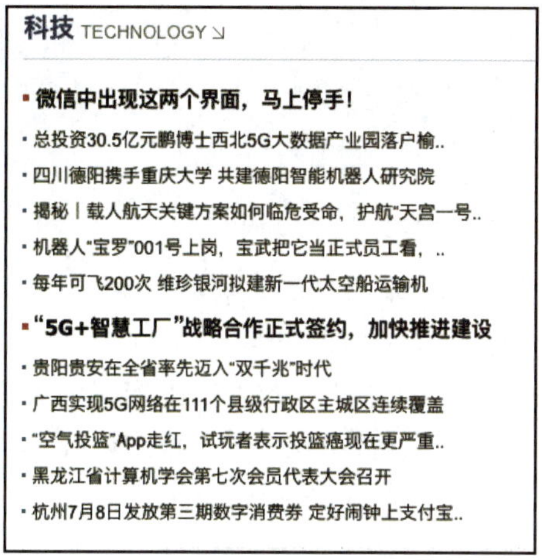

图 6-21　百度新闻列表 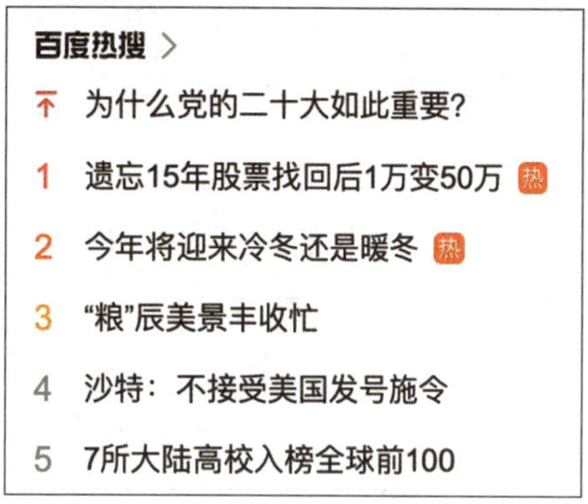　　　　　　　图 6-22　百度热搜榜

包屑导航是一种基于站点层次的显示方式，帮助用户了解当前页面在站点层级中的位置，从最低层可以按层级导航到更高的层级位置，如图 6-24 所示。面包屑导航的导航项是有层级之分的，使用有序列表 <ol> 进行标识。

图 6-23　导航示例

图 6-24　面包屑导航示例

6.4.6　表格和表单

1. 表格

Web 中的表格和普通文档中的功能一样，在数据量较大时，可以系统、清晰、直观地进行显示，有助于用户阅读。表格的标签是 <table>，不过 <table> 仅能表示表格的区域，表格由若干行组成，行标签为 <tr>，每行里又分割成若干单元格，单元格标签为 <td>。以一个两行两列的表格为例，完整的代码如下。

```
<table>
    <tr>
        <td> 第一行第一个单元格 </td>
        <td> 第一行第二个单元格 </td>
    </tr>
```

```
    <tr>
        <td>第二行第一个单元格</td>
        <td>第二行第二个单元格</td>
    </tr>
</table>
```

第一行第一个单元格 第一行第二个单元格
第二行第一个单元格 第二行第二个单元格

图 6-25　表格显示效果

在浏览器中表格默认是不显示边框的，显示效果如图 6-25 所示，表格的边框属性可以在 CSS 里定义。

单元格中放置的是具体的表格内容，内容可以是文本、图像、列表等 Web 元素，也可以在单元格中再嵌套别的表格。W3school 网站中的一个表格应用，如图 6-26 所示。

表格标签	
表格	描述
<table>	定义表格
<caption>	定义表格标题
<th>	定义表格的表头
<tr>	定义表格的行
<td>	定义表格单元
<thead>	定义表格的页眉
<tbody>	定义表格的主体
<tfoot>	定义表格的页脚
<col>	定义用于表格列的属性
<colgroup>	定义表格列的组

图 6-26　W3school 网站中的表格应用

2. 表单

表单的功能是用来收集不同类型的用户输入，是站点和用户交互的窗口，如用户登录、留言框、按钮等。表单的 HTML 标签是 <form>，与表格的 <table> 类似，标识的是一个表单的区域，在表单区域里包含具体的表单元素。HTML 的表单元素非常丰富，有文本框、单选按钮、复选框、按钮、下拉菜单等多种类型，满足用户不同类型的信息输入。

表单元素中最重要、最常用的是 <input> 元素，与 <input> 搭配的属性 type 有多种取值，根据不同的属性值，<input> 元素在浏览器中呈现出多种不同的形态。

当 type 值为 text 时，<input> 标签在浏览器中显示为文本输入框外观，代码如下，显示效果如图 6-27 所示。

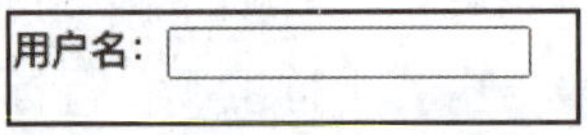

图 6-27　文本输入框显示效果

```
用户名：<input type="text" name="username">
```

当 type 值为 password 时，<input> 输入框中输入字符显示为密码状态，代码如下，显示效果如图 6-28 所示。

```
密码:<input type="password" name="psw">
```

当 type 值为 radio 时，<input> 标签在浏览器中显示为单选按钮外观，代码如下，显示效果如图 6-29 所示。

```
<input type="radio" name="sex">男
<input type="radio" name="sex">女
```

当 type 值为 checkbox 时，<input> 标签在浏览器中显示为复选框外观，代码如下，显示效果如图 6-30 所示。

```
<input type="checkbox" name="province">北京
<input type="checkbox" name="province">上海
```

图 6-28　密码类型输入框显示效果 　　图 6-29　单选按钮显示效果 　　图 6-30　复选框显示效果

其中，name 属性规定的是表单的名称，保证表单信息可以正确地被提交，一组单选按钮或复选框的 name 值应该是相同的。

以下是一个表单的综合应用，实现一个简单的用户注册页面，其中包含了多种表单元素，如图 6-31 所示。

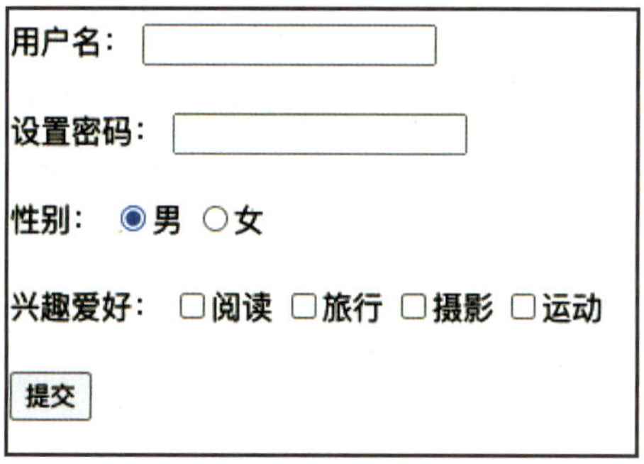

图 6-31　表单综合案例显示效果

完整代码如下。

```
<form method="post" action="demo.asp">
   <lable for="username">用户名：</lable>
   <input type="text" name="username">
   <br/><br/>
   <lable for="psw">设置密码：</lable>
      <input type="password" name="psw">
      <br/><br/>
```

```html
        <lable for="sex">性别:</lable>
        <input type="radio" name="sex" value="male" checked>男
        <input type="radio" name="sex" value="female">女
        <br/><br/>
        <lable for="hobby">兴趣爱好:</lable>
        <input type="checkbox" name="hobby" value="read">阅读
        <input type="checkbox" name="hobby" value="travel">旅行
        <input type="checkbox" name="hobby" value="photography">摄影
        <input type="checkbox" name="hobby" value="sport">运动
        <br/><br/>
    <input type="submit">
</form>
```

此案例中 <label> 标签是为 <input> 元素定义标注信息的，默认不会呈现特殊样式，不过当用户单击 <label> 内文本时，会切换到控件本身。

思考与训练

1. 基本的三个 Web 标准是什么？作用分别是什么？
2. 什么是 HTML 中的语义元素？常用的语义元素有哪些？
3. 用 HTML 解构并临摹苹果官网首页的内容结构。

第 7 章

Web 设计技术——表现

第 6 章介绍 HTML 时，都是按照元素的默认样式来测试显示效果的，在此基础上希望元素能够显示得更美观，如创建字体元素后，想要定义其颜色、大小或者希望能控制元素在 Web 页面中的显示位置，如居中、右对齐，又或者精准地显示在页面的任何位置，这些就涉及 Web 元素及页面的样式和表现。HTML 是负责 Web 结构的，不关注页面外观，Web 页面的样式和表现是由另一项 Web 标准——CSS 来负责的，这一章将介绍 CSS 是如何控制网页样式的。

7.1 CSS 简介

CSS 全称为 cascading style sheets，中文是层叠样式表，是描述 HTML 元素如何显示的 Web 标准。与 HTML 一样，CSS 使用文本编辑工具就可以编辑，CSS 最新的版本是 CSS 3。

以下是一个 CSS 定义网页样式的简单案例，在 HTML 文件的头部增加了 <style> 标记，<style> 标记中是一段 CSS 规则，这段 CSS 规则将网页中的 h1 元素的字体颜色定义为红色，在浏览器中显示的效果，如图 7-1 所示。

图 7-1 CSS 示例显示效果

```html
<!DOCTYPE html>
<html>
    <head>
        <meta charset="utf-8" />
        <title>CSS 示例</title>
        <style type="text/css">
            h1
            {
                color: red;
            }
        </style>
    </head>
    <body>
        <h1>第一篇文章标题</h1>
        <p>第一篇文章正文</p>
        <h1>第二篇文章标题</h1>
        <p>第二篇文章正文</p>
    </body>
</html>
```

在 Web 页面中使用 CSS 规则有两种方式。第一种方式是上述案例中通过在文件头增加 <style> 标签，将 CSS 规则添加在文档头部，其中 <style> 标签的 type 属性值设置为 text/css，表示样式是在 CSS 中指定的，这种方式叫作内部样式表，内部样式表的 CSS 规则只对当前页面有效。

第二种方式是将 CSS 样式存储为一个扩展名为 .css 的独立 CSS 文件，通过标签 <link> 将该 CSS 文件引入 HTML 文档，这种方式叫作外部样式表。具体写法为在文件头 <head> 中增加如下语句。

```html
<link rel="stylesheet" type="text/css" href="url">
```

其中，rel 表示 HTML 文件与被链接 CSS 文件的关系；type 表明所链接文档的类型是 text/css；href 表示 CSS 文件的相对路径。通常可以在站点文件夹中创建名为 css 或 style 的文件夹，专门放置 CSS 文件。将上面的案例改为外部样式表的链接方式，将 CSS 样式存储在一个 style.css 文件中，将其存放在站点文件夹的 css 文件夹下，完整代码如下。

```html
<!DOCTYPE html>
<html>
    <head>
        <meta charset="utf-8"/>
        <title>CSS 示例</title>
        <link rel="stylesheet" type="text/css" href="css/style.css">
    </head>
    <body>
```

```
        <h1>第一篇文章标题</h1>
        <p>第一篇文章正文</p>
        <h1>第二篇文章标题</h1>
        <p>第二篇文章正文</p>
    </body>
</html>
```

图 7-2 改为外部样式表的显示效果

在浏览器中显示的效果如图 7-2 所示，可以看出与使用内部样式表效果一致。

外部样式表中 CSS 与 HTML 是完全独立的，因此同一个 CSS 文件可以控制多个页面的样式。同一个站点中的多个页面用一套 CSS 样式规则统一控制，保持相同的外观风格，而不必每次都重复地定义和使用，实现了"一次定义，多次使用"，使代码效率最大化，同时方便站点的维护和更新，是推荐的使用方式。

7.2 CSS 基本语法

CSS 通过与 HTML 元素相关联，从而控制该元素的显示方式，一条完整的 CSS 规则包含选择器和声明两部分，如图 7-3 所示。

```
h1
{
    color: red;
    text-decoration: underline;
}
```

图 7-3 CSS 语法格式

其中红色部分为选择器，选择器有"选择元素"的含义，决定哪些元素应用该样式，本案例中选择器部分是 h1，即选择页面里所有的 h1 元素应用该样式。大括号中是声明的部分，即定义选择的元素如何显示。每条声明都包含属性(黑色)和属性值（绿色），两者之间用冒号分隔，每一条声明后用分号来结束，每个 CSS 规则可以包含多条声明。上述例子中定义了两条声明，分别规定了所选择的 h1 元素文本显示为红色字体和加下画线装饰。CSS 提供了非常多的属性，需要时可以通过查阅 W3school 网站获取信息。

从一个简单的例子中看出，CSS 选择器关乎目标元素是否被选中，这是样式能正确应用的前提和基础，而页面中往往元素多，嵌套关系复杂，选择目标元素需要灵活地使用和组合多种选择器类型，下面将介绍基本的 CSS 选择器。

7.3 CSS 选择器

7.3.1 基本选择器

1. 标签选择器

标签选择器通过标签来选择元素，从而重定义元素样式，语法格式是用标签名作为选择器，其作用范围是页面里所有该标签元素，举例如下。

```
p
{
    text-align: center;
}
```

在对应的如下 HTML 代码片段中，页面里所有 p 元素被选中，应用声明中的样式，即文本居中对齐，显示效果如图 7-4 所示。

```
<h2> 文章标题 </h2>
<p> 第一个段落内容 </p>
<p> 第二个段落内容 </p>
```

图 7-4　标签选择器示例显示效果

2. id 选择器

按照 HTML 元素的 id 属性来选择特定元素，id 属性是 HTML 元素的唯一标识，在 HTML 文档中必须是唯一的，因此 id 选择器选中的元素也是唯一的。id 选择器的语法格式是在选中的元素 id 前加"#"，举例如下。

```
#div01
{
    background-color: yellow;
    width: 300px;
    height: 300px;
}
#div02
{
    background-color: orange;
    width:200px;
    height: 200px;
}
```

图 7-5　id 选择器示例显示效果

在对应的如下 HTML 片段中，第一个 div 元素的 id 为 div01，因此该 div 应用选择器 #div01 定义的 CSS 样式，背景色为黄色，宽度和高度均为 300px。第二个 div 元素的 id 为 div02，应用选择器 #div02 定义的 CSS 样式，背景色为橘色，宽度和高度均为 200px。浏览器中显示效果如图 7-5 所示。

```
<div id="div01"></div>
<div id="div02"></div>
```

3. 类选择器

按照 HTML 元素的 class 属性选择元素，类选择器的语法格式是在类名前加"."，如下所示。

```css
.article
{
   color: blue;
   font-size: 16px;
}
```

上述 CSS 规则将应用于所有带有 class="article" 的元素，重定义其字体颜色为蓝色，字体大小为 16px。

HTML 中 class 属性定义的是元素的类名，多个元素可以使用同一个类名，因此，类选择器与 id 选择器专用型的性质不同，它是一种公用型的选择器，可以将多个具有相同样式的元素指定为一类，从而通过类选择器来定义它们相同的样式，举例如下。

```html
<h3>第一篇文章标题</h3>
<p class="article01">第一篇文章正文</p>
<h3>第二篇文章标题</h3>
<p class="article01">第二篇文章正文</p>
<h3>第三篇文章标题</h3>
<p class="article02">第三篇文章正文</p>
<h3>第四篇文章标题</h3>
<p class="article02">第四篇文章正文</p>
```

在上面的 HTML 片段中，共有四个段落 p 元素，第一个和第二个段落应用同样的样式，字体颜色为蓝色，大小为 16px；而第三个和第四个段落样式与前两个段落不同，字体颜色为红色，大小为 18px。这里需要定义两套 CSS 规则，每套规则通过类选择器应用于相应的两个段落，因此定义前两个 p 标签的 class 属性值为 article01，后两个 p 标签的 class 属性值为 article02，CSS 定义如下。

```css
.article01
{
   color: blue;
   font-size: 16px;
}
.article02
{
   color: red;
   font-size: 18px;
}
```

上述 CSS 代码中，定义了两套样式规则，通过类选择器 .article01 和 .article02 分别应

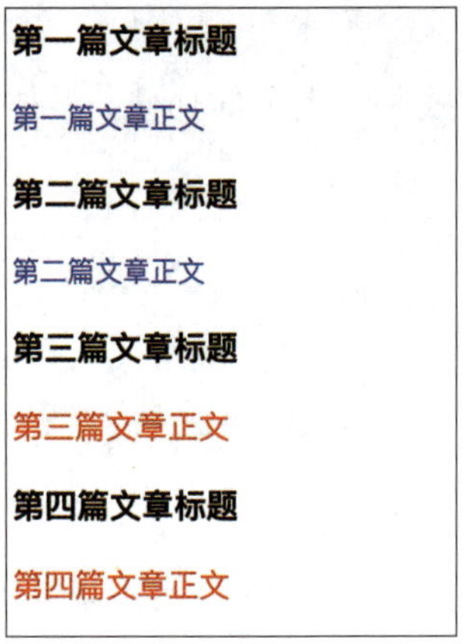

用于 class="article01" 的前两个段落，以及 class="article02" 的后两个段落，浏览器中显示效果如图 7-6 所示。

另外需要注意的是，因为 id 和类名是自定义的，其命名最好与元素的语义相关，这样可以增强代码的可读性，并且 id 和类名都不能以数字开头。

4. 伪类

除了上述三种基本的选择器外，常用的选择器还有伪类。伪类从字面上理解是一种不存在的类，是用于定义元素特殊状态的类，例如同一个标签可以根据不同的状态定义不同的样式。伪类的类名是内置的，不像类选择器中的类名可以自定义，伪类有几十种之多，语法格式上由字符":"开头。这里介绍几种常用的伪类，从中可以看出伪类的一般用法和作用范围。

图 7-6 类选择器示例显示效果

伪类和元素状态相关，有多种状态的元素是超链接 <a>，第 6 章介绍过，默认情况下浏览器中会差异地显示其不同状态样式，如超链接访问前默认是蓝色加下画线，以区分与普通文本的不同；访问后浏览器改变超链接样式为紫色加下画线，用以帮助用户区分哪些是访问过的页面。实际上超链接可以有五种状态，分别是访问前、访问后、获得焦点、光标经过和激活状态，对应的伪类分别是 a:link、a:visited、a:focus、a:hover、a:active。在这些伪类的规则定义中，常见的是控制链接文本的颜色和是否显示下画线等，举例如下：

```
a:link
{
   background-color: orange;
   color: white;
   text-decoration: none;
}
a:visited
{
   color: yellow;
   background-color: purple;
   text-decoration: none;
}
```

该段代码定义了超链接两种状态的样式：超链接的链接状态，即访问前显示为白色字体，橘色背景，text-decoration 的值设置为 none，即去掉默认的下画线；访问后显示为黄色字体，紫色背景，去掉默认下画线。对应的 HTML 代码片段如下，显示效果如图 7-7 所示。

图 7-7 伪类示例效果

```
<a href="news.html">新闻首页 </a>
```

:hover、:active 和 :focus 是三种动态伪类，不仅适用于超链接，对其他标签也适用。:hover 选定的是光标悬浮于元素之上时的状态，可用于改变该状态时按钮、色块等元素的外观；:active 选定的是元素激活状态，是链接或按钮被按下但是还没有松开时，用来提示状态的改变；:focus 选定的是元素获得焦点的状态，所有交互性元素都可以获得焦点，例如当光标位于一个文本输入框时就认为输入框获得了焦点，举例如下。

```
div#container:hover
{
    background-color: yellow;
}
```

上述代码中，当光标经过 id 为 container 的 div 元素时，其背景色显示为黄色。

下面这段代码中，class 为 text 的文本输入框在获得焦点时，其中的文本显示为红色，浏览器中效果显示如图 7-8 所示。

图 7-8　文本输入框获得焦点效果

```
input.text:focus
{
    color: red;
}
```

7.3.2　复合选择器

上面介绍的是几种比较基础的选择器，单独使用适用于一些比较简单的情形。在设计实践中一方面页面中元素数量多，另一方面元素和元素之间的关系也比案例中复杂，为了更加精准地选择元素，通常需要将上述基本选择器的两个或多个组合起来使用，这就是复合选择器。复合选择器类型非常多，使用起来很灵活，下面将介绍常用的几种类型。

1. 交集选择器

交集选择器顾名思义是指选中的是两个选择器选择元素中相交的那部分，格式是"选择器 1 选择器 2"，两个选择器之间没有任何连接符号，选择器可以是标签、id 或者类选择器，如下所示。

```
h1.news
{
    color: red;
}
```

交集选择器 h1.news 只选择 class 值为 news 的 h1 标签应用规则样式，对应的是如下 HTML 代码。

```
<h1 class="news">新闻标题</h1>
```

相当于在标签选择器 h1 上增加了一层限定（class 值必须是 news），这样选择的元素比用标签选择器更加精准。

2. 并集选择器

并集选择器是指同时选择多个选择器选择的元素，格式是"选择器 1，选择器 2,…"，其中的选择器可以是标签、id 和类选择器，如下所示。

```
h1.news,h1.article
{
    color: white;
}
```

此例中同时选择了 class 值为 news 和 class 值为 article 的 h1 标签，应用规则中的字体颜色样式，对应的是如下 HTML 代码。

```
<h1 class="news">新闻标题 </h1>
<h1 class="article">文章标题 </h1>
```

利用并集可以将选择器进行分组，即把所有相同样式的 CSS 进行合并，为任意数量、类型的选择器一次性设置样式，减少重复代码。这里面有一种特殊情况，就是页面里所有元素都被选中，统一定义某一种样式，这时使用通配选择器"*"，如下所示。

```
*
{
    padding: 0px;
    margin: 0px;
}
```

3. 后代选择器

后代选择器又称包含选择器，选择的是某元素的后代元素，即某元素包含的元素，两元素既可以是直接的父子元素，也可以是无限层次间隔，不管嵌套层级有多深，格式是"选择器 1　选择器 2"，选择器中间用空格连接，如 h1 p 表示选中作为 h1 元素后代的任何 p 元素。选择器可以是 id 选择器或类选择器，如下所示。

```
div#content h2
{
    text-align: center;
}
```

div#content h2 表示选择 id 为 content 的 div 元素包含的 h2 元素，在如下 HTML 代码中，h2 标签中内容应用该规则，即文本居中对齐。

```
<div id="content"><h2>新闻标题 </h2></div>
```

4. 子元素选择器

如果不选择任意的后代元素，而是缩小范围只选择某元素的直接子元素，可以使用子元素选择器，子元素选择器使用子结合符 ">"，如下所示。

```
div > span
{
    color:red;
}
```

div > span 表示选择 div 子元素的 span 元素。

5. 相邻兄弟选择器

HTML 相邻兄弟元素是指两元素有相同父元素，紧随一个元素之后的元素。相邻兄弟选择器匹配的即是相邻兄弟元素，使用 "+"，即相邻兄弟结合符，如 h1+p，选择的是紧接 h1 后面的段落 p，h1 和 p 具有相同的父元素，如下所示。

```
h1 + p
{
    color:red;
}
```

在下面的 HTML 代码片段中，只有 h1 后面的段落 p 被选择应用该样式，即只有"段落 1"字体显示为红色。

```
<h1>文章标题</h1>
<p>段落 1</p>
<p>段落 2</p>
<p>段落 3</p>
```

7.4 CSS 优先级

当对同一元素的同一属性设置了多条样式时，会发生样式冲突，这时就会涉及 CSS 优先级问题。CSS 样式在浏览器中被解析，浏览器是通过优先级判断哪些属性与元素最相关而应用于元素的，如下所示。

```
div {
    background-color: red;
}
#div01 {
    background-color: green;
}
```

上述代码中，第一条规则用标签选择器重定义所有 div 的背景色，第二条规则用 id 选择器重定义了 id 为 div01 的区块背景色。两条样式规则都定义了 id 为 div01 区块的背景色，那么经过浏览器解析，它的背景颜色会应用哪一个规则呢？这时浏览器会根据优先级来决定。用户定义的样式会覆盖浏览器默认的样式，在此基础之上，优先级可以按照特殊性、顺序来判断。

特殊性是指指定选择器的具体程度，选择器越特殊，规则就越强。以基本的标签选择器、类选择器、id 选择器为例，特殊性由高到低是 id 选择器强于类选择器强于标签选择器，因此优先级由高到低也是如此排列。

当特殊性相同时，出现的顺序成为决定性因素，即出现得越晚的样式优先级越高，会覆盖之前的样式。

了解了 CSS 优先级规则，可以判断上述代码中 id 为 div01 的块在浏览器中背景显示为绿色，因为 id 选择器的优先级高于标签选择器，而页面中其他的 div 背景色为红色。

7.5　CSS 颜色

颜色可以说是最基本、最为常用的样式，通过 CSS 可以重定义元素背景色、边框颜色等，需要了解 CSS 支持的颜色表示方式。

CSS 支持多种颜色表示方法，如颜色名称、十六进制值、RGB 值、HSL 等，本节将展开介绍颜色名称、十六进制值（HEX 值）和 RGB 值这三种常用表示方法。

1. 颜色名称

在 CSS 中可以直接使用颜色名称来定义颜色，目前支持 140 种标准的颜色名，如 red、green、gray、lightgray 等，具体可以查询 W3school（https://www.w3school.com.cn/cssref/css_colors.asp）。

例如，设置页面背景色的 CSS 代码如下所示。

```
body{background-color: lightgray;}
```

其中，属性 background-color 表示背景色，属性值是用颜色名称表示的浅灰色。

2. 十六进制值（HEX 值）

通过六位十六进制数值来表示颜色，标准格式为 #rrggbb，其中 rr、gg、bb 分别表示红色、绿色、蓝色的十六进制值，介于 00 和 ff 之间，如 #00ff00 是绿色，#000000 是黑色，#ffffff 是白色。以下是一段通过十六进制值定义段落文本颜色的 CSS 代码。

```
p{color: #3cb371;}
```

其中，属性 color 表示的是文本的颜色。

3. RGB 值

RGB 值的标准格式是 rgb(r,g,b)，r、g、b 分别表示红色、绿色、蓝色的颜色强度值，数值在 0~255，如 rgb(255,0,0) 是红色，rgb(0,0,255) 是蓝色。以下是用 RGB 值定义标题边框的 CSS 代码。

```
h1{
    border: 2px solid rgb(0,0,255);
}
```

其中，属性 border 表示边框的样式，该属性有三个值，第一个值是边框宽度（粗细），这里设置的值是 2px；第二个值是边框样式，solid 表示实线边框；第三个值是边框颜色。总的来说，这条规则表示的是 2px 的蓝色实线边框样式。

7.6 CSS 常用属性

本节将以一些基本的 HTML 元素为线索，对常用的 CSS 属性进行分类介绍，包含文本、图像、列表等元素。

7.6.1 文本相关属性

Web 中的文本样式不仅对于页面视觉效果有重要作用，对于内容的可读性也有非常显著的影响。常用的文本、字体相关的属性是以 text-、font- 开头的，如字体、大小、粗细、文本缩进、对齐、下画线等。此处不详细介绍每一种属性的用法，而通过案例来学习文本样式的具体应用。

以图 7-9 所示的文字效果为例，这一段文本由 5 个字符组成，从显示效果来看，5 个字符有统一的字体、大小、粗细、文字间距等样式，但是颜色各不相同。因此在第一步搭建 HTML 结构时，考虑将文本放置在两层容器中，便于进行统一的样式设置和个性化的颜色设置。第一层容器选择 p 元素，即 5 个字符属于同一个段落的内容，考虑到它们有不一样的颜色样式，便于后续 CSS 单独的设置，还需要在 p 元素中对每个字符分别设置第二层容器。行内元素 span 是合适的选择，即在段落内将每一个字符放置在一个单独的 span 元素中，同时为了便于区分，还需要对它们分别设置 class 属性。

图 7-9　文字样式示例

搭建完 HTML 结构后，进行第二步——CSS 样式设置。通过标签选择器选择整个段落，将 5 个元素的字体粗细（font-weight）、字体大小（font-size）、字符间距（letter-spacing），以及文本的水平对齐方式（text-align）进行统一设置。而对每一个 span 元素，利用定义好的类，通过类选择器将文字的颜色（color）进行个性化设置。完整代码如下。

```html
<!DOCTYPE html>
<html>
    <head>
        <style>
            p{
                font-weight: bold;
                font-size: 80px;
                letter-spacing: 2px;
                text-align: center;
            }
            .c1
            {color: #1abc9c;}
            .c2
            {color: #3498db;}
            .s
            {color: #9b59b6;}
            .w
            {color: #f1c40f;}
            .b
            {color: #e74c3c;}
        </style>
    </head>
    <body>
        <p>
            <span class="c1">C</span>
            <span class="c2">S</span>
            <span class="s">S</span>
            <span class="w">文</span>
            <span class="b">本</span>
        </p>
    </body>
</html>
```

7.6.2 图像相关属性

Web 中的图像按照应用方式大体分为内容图像和背景图像，常见的属性有定义内容图像的大小、边框、对齐方式，背景图像的显示位置、重复方式、对比度等。以下是一个图像样式应用的案例，在浏览器中的效果如图 7-10 所示，其中的三张图像是作为内容插入页面中的。

图 7-10　在浏览器中的效果

观察到三张图像的样式是完全一致的，因此可以通过标签选择器 img 统一定义所有图像元素的样式，包括基本的宽度（width）、高度（height），以及利用 border 属性添加 1px 的灰色实线边框，同时还需要设置图像的内边距（padding），令图像和边框之间留有一个空间，以及图像的外边距（margin），使图像和图像之间保持一定的空间，在后续的章节里会详细介绍这两个属性。完整代码如下。

```
<!DOCTYPE html>
<html>
    <head>
        <style>
            img
            {
                width:200px;
                height:200px;
                border:1px solid #333333;
                padding:5px;
                margin:10px;
            }
        </style>
    </head>
    <body>
        <img src="images/html.jpeg">
        <img src="images/css.jpeg">
        <img src="images/js.jpeg">
    </body>
</html>
```

7.6.3 列表相关属性

列表是有条理地组合结构相同、内容相关、样式类似的信息条目的常用容器，浏览器对列表有一套默认的样式规则，如无序列表项前面的装饰，默认是实心的圆圈，有序列表项默认是阿拉伯数字。除此之外，列表项之间还有默认的边距。以下是一个列表的案例，浏览器中显示效果如图 7-11 所示。

此例模拟了一个简单的纵向菜单效果，包含了标题和一个列表，在搭建 HTML 结构时，

图 7-11　列表样式示例

使用一个标题标签 h3 和一个列表标签 ul 表示，列表包含 5 个列表项 li。由于列表项是带超链接的，因此在列表项中又包含了 a 元素，形成了 ul、li、a 三层嵌套的结构关系。

在 CSS 部分，按照从整体到局部的顺序定义，针对整个列表利用标签选择器 ul 进

行样式定义,将浏览器默认的列表项标记(实心圆)进行了删除,将默认的 padding 和 margin 也进行了置 0;针对列表中的列表项 li,利用后代选择器 ul li,将每项的 margin-bottom 设置为 5px,使列表项在垂直方向上进行分隔;针对超链接样式,利用后代选择器 ul li a 进行统一的样式重定义。完整的代码如下。

```html
<!DOCTYPE html>
<html>
    <head>
        <style>
            ul
            {
                list-style-type: none;
                margin:0px;
                padding:0px;
            }
            ul li
            {
                margin-bottom:5px;
            }
            ul li a
            {
                text-decoration: none;
                color: #34495e;
            }
        </style>
    </head>
    <body>
        <h3>CSS 教程 </h3>
        <ul>
            <li><a href="#">CSS 语法 </a></li>
            <li><a href="#">CSS 选择器 </a></li>
            <li><a href="#">CSS 颜色 </a></li>
            <li><a href="#">CSS 属性 </a></li>
            <li><a href="#">CSS 定位 </a></li>
        </ul>
    </body>
</html>
```

思考与训练

1. 比较 CSS 三种基本选择器的语法和用途。
2. 设计并实现一个包含多个项的纵向菜单。

第 8 章

Web 设计技术——布局

8.1 布局基础

8.1.1 元素显示类型

HTML 提供了丰富的元素用来组织页面内容，按照显示类型进行划分，可以将 HTML 元素分为两大类：块级元素和行内元素，下面分别介绍。

1. 块级元素

块级元素在浏览器中显示是独占一行的，宽度默认为页面宽度，其后面相邻元素只能另起一行显示，如 div、p、h1~h6 等元素都是块级元素。块级元素通常是容器元素，可以容纳其他块和行内元素，以下代码是两个块级元素 div 并列的情况，浏览器显示效果如图 8-1 所示。

```
<html>
    <head>
        <style>
            div
            {
                width: 200px;
                height: 200px;
            }
```

```
        #div01
        {
            background-color: #d35400;
        }
        #div02
        {
            background-color: #f1c40f;
        }
    </style>
</head>
<body>
    <div id="div01"></div>
    <div id="div02"></div>
</body>
</html>
```

图 8-1 两个块级元素并列的情况

两个并列的 div 在页面中显示是一上一下的垂直排列，这是因为每个 div 是独占一行的，尽管为两个 div 设置了宽度和高度，元素实际占据页面的空间仍然是一行，别的元素不能与其共享这一行的空间，设置的宽度和高度只是显示的内容区域的宽度和高度，在浏览器的"开发者工具"中选中元素，可以清晰地看到其显示的内容区域和实际占据空间，如图 8-2 所示。

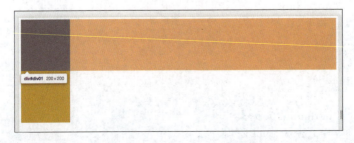

图 8-2 开发者工具中查看元素实际占据的页面空间

2. 行内元素

行内元素在显示时与其他相邻行内元素出现在一行内，即一行可以显示多个行内元素，默认宽度是其本身内容的宽度，如 span、a、img 等元素都是行内元素，行内元素通常只容纳本文或其他的行内元素。下面来看两个典型行内元素 span 并列的情况，代码如下，浏览器中效果如图 8-3 所示。

```
<!DOCTYPE html>
<html>
    <head>
        <style>
            #span01
            {
                background-color: #d35400;
            }
            #span02
            {
                background-color: #f1c40f;
            }
        </style>
    </head>
    <body>
        <span id="span01">行内元素 1</span>
        <span id="span02">行内元素 2</span>
    </body>
</html>
```

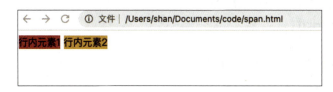

图 8-3　两个行内元素 span 并列的情况

默认情况下由于可以共享一行，两个并列的行内元素是水平排列的，各自占据的空间仅仅由其内容决定。

8.1.2　盒模型

盒模型（box model）是理解 CSS 布局的基础概念，其核心思想是可以把每一个 HTML 元素都视为是一个盒子，每个盒子均由四个部分组成，分别是内容（content）、内边距（padding）、边框（border）、外边距（margin），如图 8-4 所示，每个元素占据的页面空间都由这几部分叠加而成，下面分别介绍盒模型的四个组成部分。

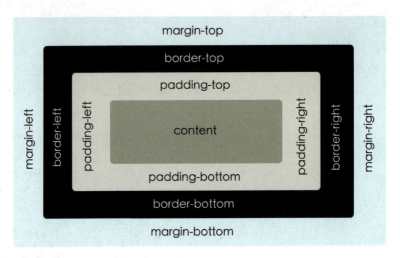

图 8-4　盒模型结构

1. 内容（content）

内容部分容纳的是元素的"真实"内容，如文本、图像等。默认情况下盒子的内容区域随内容的变化而变化，如果需要自定义大小，就需要通过宽度（width）和高度（height）这两个属性定义。

2. 边框（border）

边框包裹在盒子的内容和内边距外边缘，每个盒子都有上、下、左、右四条边框。border 属性就是用来统一设置四条边框样式的，CSS 提供了相应的属性可以令四条边框分别设置为不同的样式，例如以下代码中，利用属性 border-bottom 单独设置了下边框的宽度、样式和颜色，显示效果如图 8-5 所示。对应其他三条边框的属性还有 border-top、border-right、border-left。

```
<!DOCTYPE html>
<html>
    <head>
        <title></title>
        <style type="text/css">
            p{
                border-bottom: 1px dashed #333;
            }
        </style>
    </head>
    <body>
        <p>这是一段文本</p>
    </body>
</html>
```

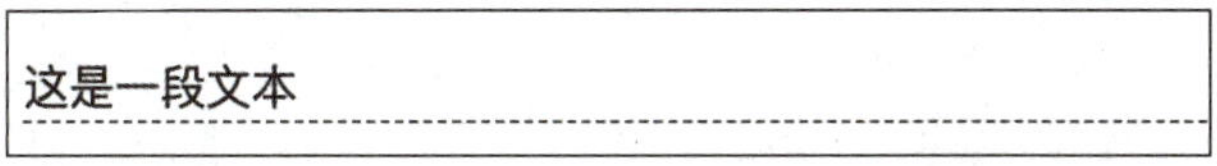

图 8-5　下边框显示效果

3. 内边距（padding）

内边距是元素内容和边框之间的区域，增加内边距从视觉效果上看延伸和扩展了内容区域，可以提高内容的可读性。内边距也有上、下、左、右四个值，可以使用 padding 属性统一控制四个内边距大小，也可以分别设置。在上例中，可以在 p 的样式中增加 20px 的 padding-bottom，代码如下，显示效果如图 8-6 所示，可以看出，在内容和下边框中间多了 20px 的填充，将内容和边框进行了分隔，这就是内边距的作用。

```
p{
    border-bottom: 1px dashed #333;
    padding-bottom: 20px;
}
```

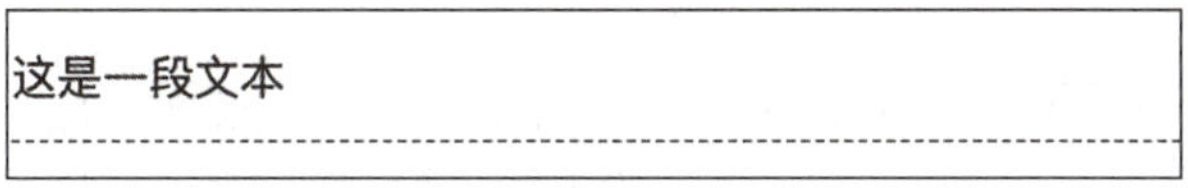

图 8-6　内边距示例显示效果

4. 外边距（margin）

外边距是盒子边框之外的区域，是用来分隔两个相邻盒子的，同样包含上、下、左、右四个值，分别用于分隔四个不同方向的相邻盒子，可以用 margin 属性统一控制四个值，也可以单独设置不同的值。在下面的示例中，HTML 部分包含了两个 p 元素，两个元素在垂直方向上并列显示，给第一个 p 元素设置了下边框和 30px 的下外边距，显示效果如图 8-7 所示。第一个 p 元素的下边框与第二个 p 元素之间出现了 30px 的空白区域，将两个元素进行分隔，这就是外边距。

```
<!DOCTYPE html>
<html>
    <head>
        <title></title>
        <style type="text/css">
            .p1{
                border-bottom: 1px dashed #333;
                margin-bottom: 30px;
            }
        </style>
    </head>
```

```
<body>
    <p class="p1">这是一段文本 </p>
    <p class="p2">这是另一段文本 </p>
</body>
</html>
```

这是一段文本

这是另一段文本

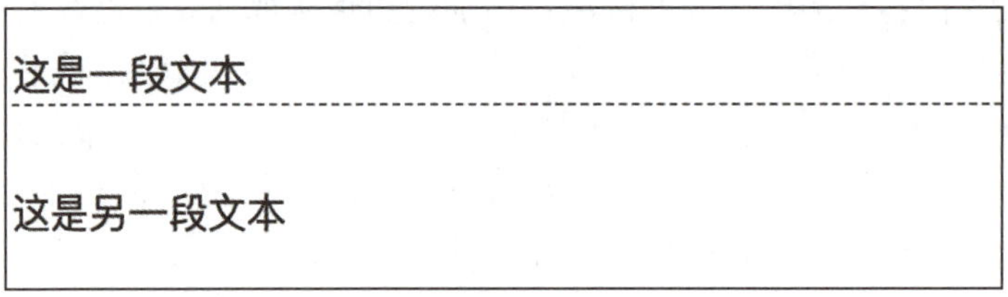

图 8-7　外边距示例显示效果

外边距对相邻元素进行了分隔，而元素的显示类型不同，两个盒子水平和垂直方向相邻时，它们之间的距离计算也有所不同。当两个盒子在水平方向上并排显示时，两个盒子之间的距离是左边盒子的 margin-right 加上右边盒子的 margin-left，以 span 元素为例，如图 8-8 所示。

当两个盒子上下相邻时，它们之间的距离不再是两者外边距的叠加，而会发生外边距合并现象，即两个垂直外边距合并为一个外边距，距离值是上面盒子的 margin-bottom 和下面盒子的 margin-top 中较大的那一个，以 div 元素为例，如图 8-9 所示。

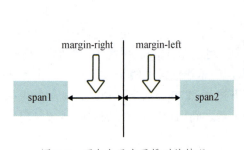

图 8-8　两个盒子水平排列的情况

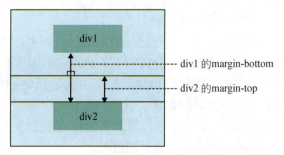

图 8-9　两个盒子垂直方向相邻的情况

8.2　CSS 定位方式

之前介绍了元素显示类型和盒模型的概念，根据元素显示类型的不同，每个盒子可以是块级盒子，也可以是行内盒子，块级盒子从上至下排列，行内盒子从左至右排列，这种浏览器默认的定位机制叫作普通流（normal flow）。当普通流不能满足设计需求时，需要使用 CSS 进行定位，CSS 定位的目标就是打破默认的显示顺序，让元素从普通流中脱离，从而实现设计的版式布局。本节介绍三种定位方式，分别是浮动定位、绝对定位和相对定位。

8.2.1 浮动定位

浮动属性是 float，值有 left（左浮动）、right（右浮动）、none（不浮动）三种。浮动的本质是令元素脱离普通流，向左或向右移动，直到它的外缘碰到包含框或者另一个浮动元素的边框为止。事实上，浮动元素向左或向右移动后，它是"漂浮"在普通流之上，不占据普通流的空间。因此当一个元素浮动后，它释放了原本占据的空间，其后面没有浮动的兄弟元素会自动上移顶替它原来的位置，形成一个新的流。

下面以两个 div 并列的情况为例，两个 div 按照默认的普通流顺序，在其父块中显示为一上一下的排列，宽度均与父块一致，HTML 代码如下，效果如图 8-10 所示。

图 8-10　两个 div 并列情况

```
<div id="father">
    <div id="son01">第一个子 div<br><br></div>
    <div id="son02">第二个子 div<br><br></div>
</div>
```

将第一个 div 设置为左浮动，CSS 代码如下。

```
#son01
{
    background-color: #d35400;
    float:left;
}
#son02
{
    background-color: #f1c40f;
}
```

浏览器中显示效果如图 8-11 所示。浮动后的第一个块级元素 son01 脱离了普通流，从空间上脱离了与其父块的包含关系，因此默认宽度不再等于其父块的宽度，而是自身内容的宽度。另外，浮动使其释放了空间，原本排列其后没有浮动的兄弟元素 son02 会自动上移顶替它原来的位置。浮动后，son01 "漂浮"在页面之上，因此两个 div 发生了重叠，这里需要注意的是，即使发生重叠，son02 的内容也就是文字并没有被浮动的 son01 遮挡，遮挡的仅仅是其背景部分，son02 包含的文字内容会环绕在 son01 周围。

对其父块而言，因为有子元素"漂浮"而脱离了父块，父块的高度会产生"塌陷"，即由原来的两个子 div 高度之和，变为仅与第二个 div 的高度一致。在浏览器开发者工具中可以清楚地看到这一点，如图 8-12 所示。

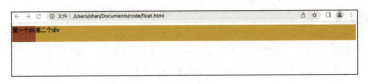

图 8-11　一个子 div 浮动的情况

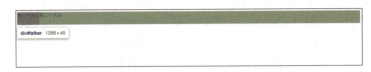

图 8-12　开发者工具中观察父块高度塌陷

当两个 div 都设置为左浮动后，效果如图 8-13 所示。两个子元素都浮动后，后面的浮动元素会紧跟前面的浮动元素，两个浮动的元素会并排显示在页面左边，如图 8-13 所示。

由于两个子元素全部浮动，脱离了父块，父块高度变为 0，从页面中消失了，在开发者工具中观察父块高度，如图 8-14 所示。

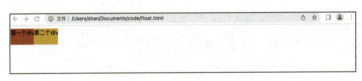

图 8-13　两个子 div 都浮动的情况

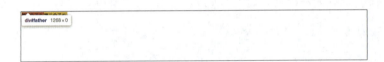

图 8-14　父块高度塌陷为 0

上例中 float 值均设置为 left，因此浮动后靠左移动，同理如果将值设置为 right，会向右移动。

可见 CSS 定位可使元素脱离普通流，使页面形成新的流，这样不仅仅对浮动元素本身，对其父元素、兄弟元素的定位和显示都会产生影响。

下面通过一个图文混排的案例来理解浮动定位在页面布局中的具体用法。图文混排是指文字和其相关联图片的混合排列方式，比较常见的一种图文混排方式是文字环绕着图片显示，为了实现这种布局效果，首先搭建 Web 结构，结构中包含了一个段落 <p>，段落中包含了一张图像和一段文字，HTML 部分如图 8-15 所示，在浏览器中显示效果如图 8-16 所示。

```html
<p>
    <img src="images/html5.jpg">HTML 5是构建Web内容的一种语言描述方式。
    HTML 5是互联网的下一代标准，是构建以及呈现互联网内容的一种语言方式，被认为
    是互联网的核心技术之一。HTML产生于1990年，1997年HTML 4成为互联网标准，并
    广泛应用于互联网应用的开发。HTML 5是Web中核心语言HTML的规范，用户使用任何
    手段进行网页浏览时看到的内容原本都是HTML格式的，在浏览器中通过一些技术处
    理将其转换成为可识别的信息。HTML 5在从前HTML 4.01的基础上进行了一定的改
    进，虽然技术人员在开发过程中可能不会将这些新技术投入应
    用，但是对于该种技术的新特性，网站技术开发人员是必须要有所了解的。
</p>
```

图 8-15　图文混排的内容结构搭建

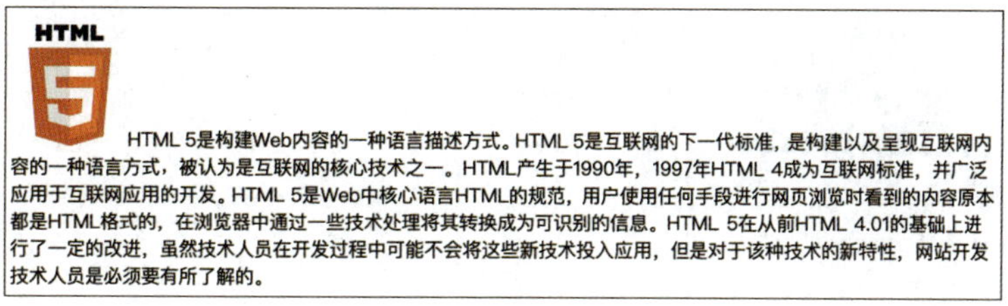

图 8-16　图像浮动前效果

从图 8-16 中可以看到,由于图像尺寸大于文字,因此在图像的右边、文字的上方出现了较大的空白区域,为了实现图文环绕效果需要将此空白区域释放,因此可以利用浮动属性,令图像脱离普通流。将图像样式设置为左浮动,图像因此脱离普通流,释放原先占据的空间,排列在其后没有浮动的文字会自动上移顶替它原来的位置,同时,浮动的图像并不会遮挡文字内容,而是形成文字环绕在图像周围的布局,形成期望的图文环绕效果,浏览器中的效果如图 8-17 所示。

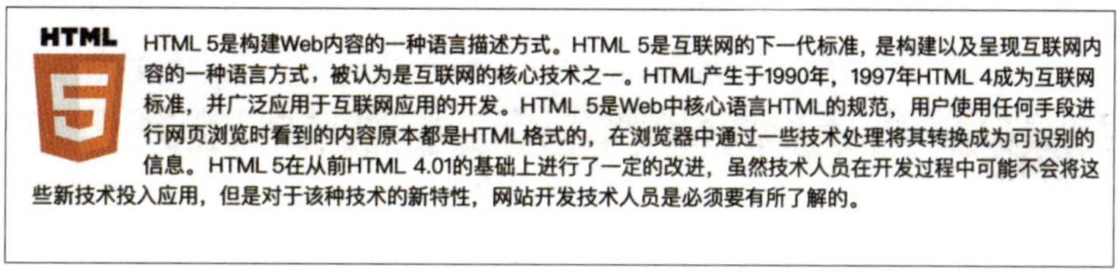

图 8-17　图像浮动后的图文环绕效果

8.2.2　绝对定位

绝对定位和相对定位使用的都是 position 定位机制,当盒子的 position 值设置为 absolute 时为绝对定位,绝对定位后元素同样脱离了普通流,相对于其包含元素进行定位,因此会释放原普通流中占据的空间。绝对定位的位移包括 top 或 bottom 属性、left 或 right 属性,用于指定元素相对于其包含元素上或下、左或右的距离。下面仍然以一个父块两个子块来举例,将第一个子块设置为绝对定位,第二个子块使用普通流,代码如下。

```
<!DOCTYPE html>
<html>
    <head>
        <style>
            #son01
            {
                background-color: #d35400;
                position: absolute;
                left: 50px;
                top: 30px;
            }
```

```
            #son02
            {
                background-color: #f1c40f;
            }
        </style>
    </head>
    <body>
        <div id="father">
            <div id="son01">第一个子div<br><br></div>
            <div id="son02">第二个子div<br><br></div>
        </div>
    </body>
</html>
```

浏览器中效果如图 8-18 所示，绝对定位的 son01 脱离了文档流，因此第二个子 div 向上移动占据了它原来的位置，同时 son01 的宽度由填满父块变成了自身内容宽度。

图 8-18　一个子元素绝对定位的情况

当两个子元素同时都进行绝对定位后，CSS 代码如下。

```
#son01
{
    background-color: #d35400;
    position: absolute;
    left: 50px;
    top: 30px;
}
#son02
{
    background-color: #f1c40f;
    position: absolute;
    left: 80px;
    top: 50px;
}
```

浏览器中效果如图 8-19 所示，与浮动不同，多个绝对定位元素脱离普通流后会发生重叠现象，因此涉及哪个盒子在上哪个盒子在下的问题，CSS 提供了 z-index 属性来规定定位元素在 z 轴即垂直于屏幕方向上的堆叠顺序，其取值为整数值，可以为负数，值较大的元素将在 z 轴方向叠加在值较小的元素之上。

图 8-19　两个子元素都绝对定位的情况

另外，需要注意的是，绝对定位元素的位置是相对于其最近的已定位祖先元素的，作为其定位基准的祖先元素需要相对定位，如果父块没有设置相对定位，会采用就近原则以最近的已定位的祖先元素为基准定位，如果没有这样的祖先元素会以浏览器可视窗口为基准定位。因此在应用中明确定位的参照物非常重要，否则会出现因屏幕尺寸变化定位偏移的现象。下面具体介绍相对定位。

8.2.3　相对定位

相对定位使用的也是 position 定位机制，将元素属性 position 值设置为 relative，同样需要配合 top 或 bottom、left 或 right 四个属性值指定元素显示位置。与绝对定位不同的是，相对定位是以其自身在普通流中的位置为基准进行定位的，且相对定位后元素不会脱离普通流，其原先在普通流中的位置仍然保留。把上述案例中的绝对定位改为相对定位，CSS 代码如下。

```
#son01
{
    background-color: #d35400;
    position: relative;
    left: 50px;
    top: 30px;
}
#son02
{
    background-color: #f1c40f;
    position: relative;
    left: 80px;
    top: 50px;
}
```

在浏览器中显示的效果如图 8-20 所示。

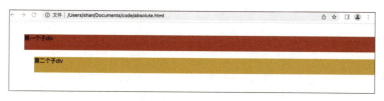

图 8-20　两个子元素相对定位的情况

相对定位的元素不会脱离普通流，父块中的位置依然为其保留，并且元素的宽度依然可以填满整个父块。

8.3 常见布局

8.3.1 一栏式布局

一栏式布局是最简单的一种布局方式，其自由度高，版式灵活，因此一栏式布局也常作为复杂布局的基础和容器，如苹果网站首页，整体上来看就是一个一栏式布局，在整体一栏式布局中又嵌套了其他布局结构，如图8-21所示。

同时，一栏式布局中元素相对独立，占据页面空间较小，因此易于在移动终端上进行扩展，是移动端尤其是手机端经常使用的布局方式，以苹果的手机端网站为例，所有子板块按照从上至下的顺序在一栏里进行排列，如图8-22所示。

图 8-21　PC 端苹果官网首页的布局

图 8-22　手机端苹果官网首页的布局

在淘宝PC端首页中，内容、板块虽然有很多，但其最外层是固定宽度的一栏式布局，如图8-23所示。

固定宽度的一栏式布局应用非常广泛，实现代码如下。

```
<!DOCTYPE html>
<html>
    <head>
        <title>一栏式布局</title>
```

```
    <style type="text/css">
        #container
        {
            background-color: #f1c40f;
            width: 960px;
            height: 1000px;
            margin: 0 auto;
        }
    </style>
</head>
<body>
    <div id="container"></div>
</body>
</html>
```

图 8-23　淘宝 PC 端首页

在浏览器中显示的效果如图 8-24 所示。

图 8-24　固定宽度一栏式布局

在该案例中，用一个 div 容器 container，简单模拟了一个固定宽度居中的一栏式布局。CSS 代码中实现居中的关键语句是"margin: 0 auto；"，该语句中将 container 的上下边距设置为 0，左右边距设置为 auto，auto 为自动适应，即左右边距平等地占据水平方向可用空间，这样就使 div 在水平方向居中显示在整个页面中。

8.3.2 两栏式布局

两栏式布局应用非常广泛，如 PC 端的各类新闻、博客、购物网站，常见的情况是两栏中一栏用于放置索引、目录等信息，另一栏放置主要的内容信息。在知乎页面中，左边栏主内容区中包含的是相关话题的讨论，右边栏侧边栏中放置的是和话题相关的关注者、问题数、父话题、子话题以及一些网站基本信息等，如图 8-25 所示。

图 8-25 两栏布局的知乎页面

用 div 简单模拟一种常见的两栏式布局，即整体宽度固定的两栏式，有两个 div，id 分别是 left 和 right，它们分别表示两栏内容，并将其放在一个固定宽度的父块 container 中，完整代码如下。

```
<!DOCTYPE html>
<html>
    <head>
        <title>两栏式布局</title>
```

```html
		<style type="text/css">
			#container
			{
				width: 960px;
				height: 1000px;
				margin: 0 auto;
			}
			#left
			{
				background-color: #f1c40f;
				width: 300px;
				height: 1000px;
				float: left;
			}
			#right
			{
				background-color: #e67e22;
				width: 660px;
				height: 1000px;
				float:left;
			}
		</style>
	</head>
	<body>
		<div id="container">
			<div id="left"></div>
			<div id="right"></div>
		</div>
	</body>
</html>
```

在浏览器中的预览效果如图 8-26 所示。

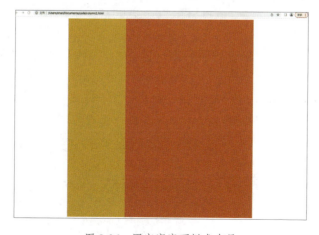

图 8-26　固定宽度两栏式布局

在以上代码中，可以看出为了实现整体居中的效果，将左栏及右栏放置在一个居中的容器 container 中，为了实现水平方向上两栏的并排显示，需要打破原有的普通流，因此左栏和右栏都需要设置浮动定位。

除了上面案例中的传统两栏式布局，等分式的两栏式布局近年来也十分流行，设计师通过两个物理尺寸等宽的空间，或突出平衡或产生对比，使页面效果更加鲜明有个性，有更强的视觉冲击力，同时在信息的传达上也更加自然。

8.3.3 三栏式布局

三栏式布局也是很常见的布局方式，尤其是在较宽的屏幕上，允许有足够空间横向并排地显示三列信息，如亚马逊首页。以常见的一种三栏式布局为例，其中两个侧边栏定宽，中间栏宽度根据页面宽度自适应，因此在实现层面上，整体思路是两个定宽的侧边栏利用绝对定位将其位置固定，对于中间栏，可以通过设置左右外边距，留出左右边栏的位置，从而实现宽度自适应且正好定位于左右边栏之间。实现代码如下。

```html
<!DOCTYPE html>
<html>
    <head>
        <title>三栏式布局</title>
        <style type="text/css">
            #container
            {
                position: relative;
            }
            #left
            {
                background-color: #f1c40f;
                width: 200px;
                height: 1000px;
                position: absolute;
                top:0;
                left: 0;
            }
            #right
            {
                background-color: #f1c40f;
                width: 200px;
                height: 1000px;
                position: absolute;
                top: 0;
                right: 0;
            }
```

```
            #middle
            {
                background-color: #e67e22;
                height: 1000px;
                margin-left: 200px;
                margin-right: 200px;
            }
        </style>
    </head>
    <body>
        <div id="container">
            <div id="left"></div>
            <div id="middle"></div>
            <div id="right"></div>
        </div>
    </body>
</html>
```

浏览器中的预览效果如图 8-27 所示。

图 8-27　三栏式布局

在以上代码中，left 和 right 两个侧边栏都使用了绝对定位，其父元素 container 设置为相对定位，令子元素以其父元素的位置为基准进行定位。

思考与训练

1. 元素的显示类型有哪些？特点和区别是什么？
2. 用浮动定位实现一个首字放大效果。
3. 绝对定位和相对定位的区别是什么？适用的场景可能有哪些？
4. 分别列举一个一栏式、两栏式、三栏式的布局案例，并用 HTML 布局元素和 CSS 定位实现。

第 9 章

跨终端 Web 设计技术——弹性布局

9.1 弹性布局的概念

第 8 章介绍的是基于盒模型的布局方式，是 CSS 比较传统的布局解决方案，主要依赖于盒子的显示类型以及 float 和 position 定位机制。如今 Web 应用搭载的设备非常多样化，屏幕尺寸和分辨率变化很大，需要更加有效灵活的方式对元素进行排列、对齐、分配空间。CSS 3 中引入了一种全新的布局方式——flexbox，即弹性盒，flexbox 的主要思想是让容器有能力修改其子项目的宽度、高度、顺序，从而在不同尺寸的屏幕上都能以最佳的方式显示。例如，容器可以令子项目放大填充可用空间以适应较大的屏幕空间，也可以令子项目缩小防止溢出容器以适应更小的屏幕空间。

弹性盒可以更加灵活方便地实现一些传统布局方式很难或不可能实现的设计。例如，如果要实现如图 9-1 所示的元素在页面中垂直居中对齐的效果，用传统布局方式实现起来比较复杂，但是利用 flexbox 布局只需要设置两个属性就可以实现。

图 9-1 元素垂直居中对齐示例

9.2 弹性盒模型

通过将父元素的 display 属性设置为 flex，该容器就会变成弹性容器 (flex container)，其包含的子元素就会变成弹性项 (flex item)，如下所示。

```
.container
{
    display: flex;
}
```

一个弹性盒模型如图 9-2 所示，弹性容器存在两个轴，分别是主轴（main axis）和交叉轴 (cross axis)，这两个轴相互垂直，主轴的开始和结束位置分别叫作主轴起点（main start）和主轴终点（main end），交叉轴开始和结束的位置分别叫作交叉起点（cross start）和交叉终点（cross end）。默认情况下主轴是水平方向从左至右的横轴，交叉轴是垂直方向从上至下的纵轴。主轴和交叉轴方向、起点和终点位置都是可以重定义的。在弹性容器中所有弹性项沿着主轴起点到终点进行排列，如图 9-2 所示，弹性容器包含了四个弹性项，在弹性容器中沿着主轴起点到终点方向从左至右依次排列。

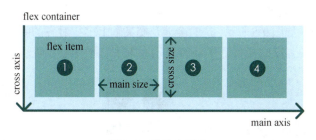

图 9-2　弹性盒模型

9.3 弹性盒基本属性

了解了基本的弹性盒模型概念，下面介绍弹性盒的各种属性，以及如何通过定义弹性盒的属性实现不同的布局。

1. 主轴方向

flex-direction 属性定义了主轴方向，一共有以下四个值。

（1）row（默认情况），主轴水平方向，起点在左端，终点在右端，弹性元素沿主轴从左到右排成一行，如图 9-3（a）所示。

（2）row-reverse，主轴水平方向，起点在右端，终点在左端，弹性元素沿主轴从右到左排成一行，如图 9-3（b）所示。

（3）column，主轴垂直方向，起点在上端，终点在下端，弹性元素沿主轴从上到下排成一列，如图 9-3（c）所示。

（4）column-reverse，主轴垂直方向，起点在下端，终点在上端，弹性元素沿主轴从下到上排成一列，如图 9-3（d）所示。

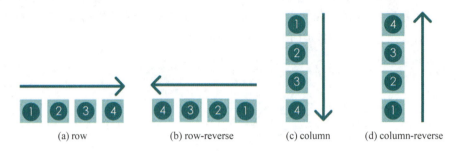

图 9-3　主轴方向

2. 弹性换行

默认情况下弹性元素都排列在一条轴线上，flex-wrap 属性控制的是是否需要改变这种默认排列方式，弹性容器是以单行还是多行显示（是否换行），以及换行后新行的排列方式。flex-wrap 有三个值，分别如下所示。

（1）nowrap（默认情况），不换行，所有弹性项都显示在一行，如图 9-4 所示，这会涉及弹性伸缩的问题，后面会具体介绍。

（2）wrap，换行，如图 9-5 所示，这时会涉及交叉轴上多行对齐的问题，后面会具体介绍。

（3）wrap-reverse，反向换行，第一行显示在下方，如图 9-6 所示。

图 9-4　不换行的情况　　　　图 9-5　换行的情况　　　　图 9-6　反向换行的情况

3. 弹性伸缩

当 flex-wrap 值为 nowrap 时，容器的宽度会产生剩余或不够分的情况，弹性项可相应地进行弹性伸缩，这里涉及的属性有以下几个。

（1）flex-shrink。当容器宽度小于弹性项总宽度时，该属性的值指定弹性项的收缩比例，以防止溢出容器。该属性的默认值为 1，当值为 0 时，则元素不会收缩，即当容器有剩余宽度时，flex-shrink 不会生效。举例，弹性容器和弹性项的相关样式设置如下。

.container{display: flex;　width: 700px;padding: 20px;}

.item1{ flex-basis: 50px;flex-shrink: 1; }

.item2{ flex-basis: 150px;flex-shrink: 2; }

.item3{ flex-basis: 250px;flex-shrink: 3; }

.item4{ flex-basis: 350px;flex-shrink: 4; }

弹性项总宽度超过了容器宽度，且各个弹性项收缩比例不一致，分别为 1、2、3、4 时，收缩效果如图 9-7 所示。

图 9-7　弹性伸缩——收缩示例

（2）flex-grow。当容器宽度大于弹性项之和时，该属性的值指定弹性项的增长比例，即分配容器剩余空间的相对比例，该属性的默认值为 0，即存在剩余空间，但默认不增长。举例，弹性容器和弹性项相关样式设置如下。

.container{display: flex; width: 700px;padding: 20px; }
.item1{ flex-basis: 50px;flex-grow: 1; }
.item2{ flex-basis: 50px;flex-grow: 2; }
.item3{ flex-basis: 150px;flex-grow: 3; }
.item4{ flex-basis: 150px;flex-grow: 4; }

容器宽度大于弹性项总宽度，且各个弹性项增长比例不一致，分别为 1、2、3、4 时，增长效果如图 9-8 所示。

图 9-8　弹性伸缩——增长示例

（3）flex-basis。该属性定义的是弹性项伸缩前在主轴方向上的初始尺寸，即弹性项是在这个基准值基础上缩放的，浏览器根据这个属性可以计算主轴方向是否有多余的空间。对于弹性项而言，flex-basis 的优先级大于 width 和 height。

（4）flex。flex 是一个复合属性，是 flex-grow、flex-shrink 和 flex-basis 三个属性合并的写法，如下所示。

```
.item
{
    flex: 0 0 100px;
}
```

其中，flex 规定弹性项主轴上初始长度为 100px，不可增长、不可收缩。

9.4　弹性盒对齐属性

弹性盒提供了多种对齐属性，包含弹性项沿主轴和交叉轴的集体对齐、单独对齐方式，涉及多行容器的还提供了多行的对齐属性，下面分别介绍。

1. 主轴上对齐方式

justify-content 属性定义了元素在主轴上的对齐方式，适用于弹性项没有完全占用主轴上的可用空间的情况，其常用取值有五种，分别是 flex-start（默认值）、flex-end、center、space-between、space-around。flex-start 和 flex-end 分别对应的是沿主轴起点对齐和终点对齐，center 为沿主轴居中对齐；space-between 指项目沿主轴均匀分布，第一项沿起点对齐，最后一项沿终点对齐；space-around 指项目两侧间隔均等，因此视觉上看起来，第一项与最后一项与容器边框的间隔是元素间间隔的一半，如图 9-9 所示。

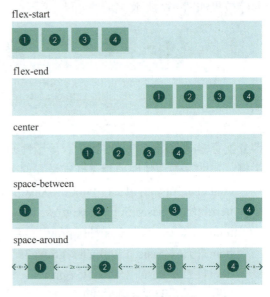

图 9-9　主轴上对齐方式

2. 交叉轴上对齐方式

align-items 属性定义了弹性项在交叉轴上的对齐方式，取值有 stretch（默认值）、flex-start、flex-end、center、baseline。默认值 stretch 是将弹性项拉伸填充至整个容器的高度；flex-start、flex-end 分别是项目沿交叉轴的起点和终点对齐，center 是沿交叉轴的中点对齐，baseline 是沿第一行文字的基线对齐，如图 9-10 所示。

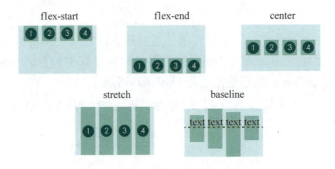

图 9-10　交叉轴上对齐方式

3. 交叉轴上多行对齐方式

align-content 属性定义了交叉轴上多行的对齐方式，因此只对多行的容器生效，即 flex-wrap 设置为 wrap 或 wrap-reverse 时的情况。常用的取值有六种，分别是 flex-start、flex-end、center、stretch、space-between、space-around，实现效果如图 9-11 所示。

4. 单个项目交叉轴对齐方式

align-self 属性允许为单个项目单独设置交叉轴对齐方式，取值有 auto（默认值）、flex-start、flex-end、center、baseline、stretch，默认值 auto 代表继承其父元素的 align-

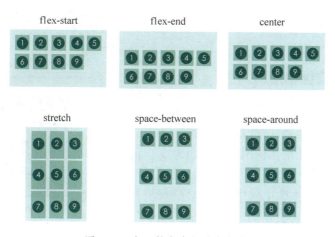

图 9-11　交叉轴上多行对齐方式

items 属性，其他值与 align-items 一致。将四个弹性项 align-self 的值分别设置为 stretch、flex-start、center 和 flex-end，如图 9-12 所示。

5. 项目顺序

弹性项目默认是按照源顺序在容器中排列的，属性 order 可以重定义项目出现的顺序，这是传统布局方式无法做到的。order 的数值越小，该弹性项排列越靠前，其默认值为 0。举例，弹性项分别做如下的 order 属性设置。

.item1{ order:2; }

.item2{ order:4; }

.item3{ order:1;}

.item4{ order:3;}

显示效果如图 9-13 所示。

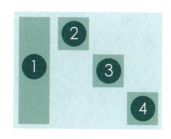

图 9-12　单个项目交叉轴对齐方式

图 9-13　调整项目顺序

9.5　弹性盒布局案例

相对于第 8 章学习的基于盒模型的浮动定位、position 定位，弹性盒定位的思想完全不同，涉及了大量新的属性，为了进一步理解弹性盒布局，下面将介绍一些具体的布局案例，通过这些案例可以深刻感受到弹性盒的强大，从而更加简便、灵活、响应式地实现各种布局。

9.5.1 水平垂直居中元素

想要实现如图 9-14 所示的在页面中水平、垂直方向居中元素的效果，看似简单，实际上用传统布局方式实现还是比较困难的，而弹性盒可以化简为繁。在一个弹性容器中，利用属性 justify-content 在主轴上居中对齐弹性项，利用 align-items 在交叉轴方向对齐弹性项即可，完整的代码如下。

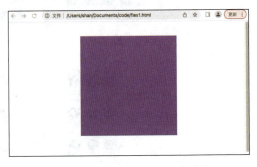

图 9-14　元素水平垂直居中对齐

```html
<!DOCTYPE html>
<html>
    <head>
        <title>水平垂直居中</title>
        <style type="text/css">
           html,body
           {
               height: 100%;
           }
           #container
           {
               width: 100%;
               height: 100%;
               display: flex;
               justify-content: center;
               align-items: center;
           }
           #box
           {
               width: 300px;
               height: 300px;
               background-color: #9b59b6;
           }
        </style>
    </head>
    <body>
        <div id="container">
            <div id="box"></div>
        </div>
    </body>
</html>
```

9.5.2 圣杯布局

圣杯布局是一种经典的布局方式，如图 9-15 所示，其特点是页面整体从上至下分成三个部分，头、躯干和脚，其中躯干部分又水平分成三栏，从左至右为导航、主栏、侧边栏，按照此页面组成搭建 HTML 结构，除了头和脚，将躯干部分的三栏放置在一个 div 容器 content 中，便于下一步利用弹性盒机制实现布局。经典的圣杯布局要求头和脚的高度固定，脚始终在页面最底部，为了实现此效果，将头、躯干、脚的父元素 body 设置成弹性盒，且主轴为垂直方向，三个弹性项沿主轴纵向排列，其中头和脚固定大小，中间的躯干 content 在纵向拉伸（flex: 1）。再看躯干部分，导航栏 nav 和侧边栏 aside 宽度固定，中间主栏 main 宽度自适应，同样将 content 设置为弹性容器，三个弹性项沿主轴水平方向排列，nav 和 aside 宽度固定，main 在横向拉伸（flex: 1）即可实现效果。具体代码如下。

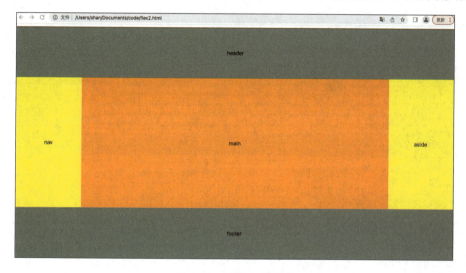

图 9-15　圣杯布局示例

```
<!DOCTYPE html>
<html>
    <head>
        <title>圣杯布局</title>
        <style type="text/css">
            html,
            body {
                display: flex;
                flex-direction: column;
                min-height: 600px;
                height: 100%;
            }

            header,
            footer {
```

```css
            height: 150px;
            background-color: #666;
            display: flex;
            justify-content: center;
            align-items: center;
            flex: none;
        }
        #content {
            flex: 1;
            display: flex;
        }
        nav,
        aside {
            background-color: #f1c40f;
            flex: 0 1 200px;
            display: flex;
            justify-content: center;
            align-items: center;
        }
        main {
            display: flex;
            justify-content: center;
            align-items: center;
            flex: 1;
            background-color: #e67e22;
        }
    </style>
</head>
<body>
    <header>
     header
    </header>
    <div id="content">
        <nav>nav</nav>
        <main>main</main>
        <aside>aside</aside>
    </div>
    <footer>
        footer
    </footer>
</body>
</html>
```

思考与训练

1. 利用弹性盒模型实现元素水平垂直居中对齐效果。
2. 利用弹性盒模型实现圣杯布局。
3. 利用弹性盒模型,分别创建 1 个、2 个、3 个、4 个、5 个、6 个弹性项,模拟骰子六个面的排列方式实现页面布局效果。

第 10 章

跨终端 Web 设计技术——响应式设计

10.1 响应式设计的概念

随着移动互联网的飞速发展，越来越多的智能设备接入互联网，Web 应用的载体越来越多样化，从手表等穿戴设备，到手机、台式机、智能电视等，如果为每种设备单独进行设计，则无法跟上终端设备与分辨率革新的步伐。即使只针对智能手机这一种终端，用户的浏览也会根据内容、场景或者心情，在横向和纵向间切换，如何应对这些情况成为摆在设计师面前的一道难题。2010 年设计师 Ethan Marcotte 提出响应式设计理念，即 responsive Web design，核心思想是一个 Web 页面可以根据系统平台、屏幕尺寸、方向等进行相应的响应和调整，从而在各种终端设备上都能达到一直贯穿的良好体验。

Mozilla 官网首页在不同尺寸屏幕的页面效果如图 10-1 所示，比较明显的有主导航的变化，在移动端小尺寸窗口上，主导航采用汉堡菜单，将导航项目折叠和隐藏起来节省屏幕空间，当窗口尺寸变大，如切换至平板、PC 端浏览时，有了足够的空间展示信息，主导航变为一个水平导航栏，所有项目平铺排列。类似的还有页面的横幅部分，小浏览器窗口上包含品牌标志、文字和按钮，在大浏览器窗口上，视觉效果更加丰富，增加了图片元素和背景，与文字、按钮模块呈左右并排显示，同时字体也随窗口变大而放大；主内容区从小窗口的一列式布局随着窗口变大逐渐扩展至两列式、三列式的布局。上述窗口的尺寸变化可以对应到不同终端的浏览效果差异，除了上面提到的较为明显的变化，还有一些微小的调整，如字体、图像、内外边距大小的变化等。可以看出，响应式设计通过页面模块的增加删减、换行平铺、挤压拉伸、位置变换等灵活的布局方式，为不同终端用户提供了更加舒适的界面，保证在各个终端间切换都能拥有一致和流畅的体验感。

图 10-1　Mozilla 网站响应式设计

适配窗口尺寸的边界叫作断点（breakpoint），即窗口尺寸达到一个断点时，页面的表现会有相应的变化。断点是响应式设计中的一个重要依据，决定了适配什么样的设备或者屏幕规格，一般会为手机、便携式计算机和 PC 等设备匹配断点。

在学习响应式设计时往往不具备切换不同终端预览和测试的条件，在浏览器的开发者工具中提供了设备模拟器，以便于开发者模拟不同屏幕大小和分辨率来进行预览和测试，可以通过调整窗口大小精准地进行分辨率设置，或者从列表中选择移动设备或桌面设备型号，甚至是移动设备的方向来模拟预览效果，测试网站十分方便，Chrome 浏览器的设备模式可以模拟各种指定设备，或者测试响应式设计以适应未知或未来的设备类型，如图 10-2 所示。

图 10-2　Chrome 浏览器的设备模拟功能

10.2　响应式设计模式

响应式设计模式指页面适配不同终端布局变化的一些通用模式，下面将进行总结，实际情况中也可以结合多种模式灵活运用。

1. 调整大小

通过调整元素的边距和大小，或者通过等比缩放，针对窗口大小进行优化，这是最简单基础的一种响应式适配方式，如图 10-3 所示。

2. 重新排列

根据设备屏幕尺寸和方向更改元素的排列方式，例如在较大尺寸屏幕上，允许使用更

图 10-3　调整大小

大的容器，布局模块有足够的空间水平方向并排显示，可以根据尺寸进行两列式、三列式甚至多列式布局。而在较小的屏幕上，如手机端，布局模块重新排列为单列式，垂直滚动地显示多列内容，如图 10-4 所示。

图 10-4　重新排列

3. 重新放置

充分利用窗口尺寸，更改元素的位置和放置方式，如图 10-5 所示，在较大窗口中元素利用窗口宽度水平放置，在较小窗口中则垂直堆叠。

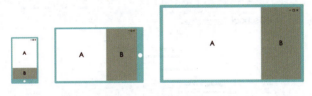

图 10-5　重新放置

4. 显示、隐藏

基于不同的屏幕空间、屏幕方向，在设备支持特定功能时显示或者隐藏元素，如图 10-6 所示。

图 10-6　显示、隐藏

5. 替换

针对不同窗口尺寸切换不同形态组件，此种方式侧重对具体组件的响应式设计，常见的情况有导航条，在大尺寸窗口上导航平铺显示，在较小的窗口上则垂直或精简排列，如图 10-7 所示。

图 10-7　替换

6. 重新构建

折叠或者拆分结构以更好地适应特定设备,例如在较大窗口上会显示整个列表和细节,在小窗口上列表则被折叠,如图 10-8 所示。

图 10-8　重新构建

10.3　媒体查询

10.3.1　基本语法

响应式设计的核心思想是需要针对特定的设备能力或条件应用特定的 CSS 样式,CSS 媒体查询正是提供了这样一种应用 CSS 的方法,仅在浏览器窗口和设备环境与指定的规则相匹配时,才会应用特定的 CSS 样式,其中最常见的就是根据视口宽度匹配不同的 CSS 样式,除此之外也可以针对特定设备类型、设备能力或特性为 Web 页面应用特定的 CSS 样式,而不必修改内容本身,这是实现响应式设计的基础。

基本的媒体查询语法如下。

```
@media media-type and (media-feature)
{
    /*CSS rules*/
}
```

其中媒体类型 media-type 是指 CSS 代码应用在什么类型的媒体上,具体的媒体类型包括以下几种。

(1) all:所有设备类型。
(2) print:打印机。
(3) screen:有屏幕设备,如计算机屏幕、便携式计算机、智能手机等。
(4) speech:屏幕阅读器等发声设备。

媒体特性 media-feature 是指查询媒体的哪些特性,以下是常用的可供媒体查询的特性。

（1）width：宽度恰好处于某个值。
（2）height：高度恰好处于某个值。
（3）orientation：屏幕方向，是横向（landscape）或是纵向（portrait）。
（4）resolution：屏幕分辨率。
（5）min-width、max-width：最小、最大宽度值。
（6）min-height、max-height：最小、最大高度值。

举例如下。

```
@media screen and (min-width: 320px){
   body
   {
       background-color: #000;
   }
}
```

这一段媒体查询语句，用"与"逻辑符 and 同时查询了媒体类型和特性，规定在有屏幕的设备并且视口最小宽度为 320px 时，页面的背景色为黑色。

大多数情况下可以省略媒体类型，直接查询媒体特性，此时默认的媒体类型为 all，即所有设备类型，如下示例。

```
@media (orientation: landscape){
   body
   {
       background-color: #000;
   }
}
```

上例规定当设备方向为水平模式时，页面背景色显示为黑色。

视口（viewport）是可以看到 Web 内容的窗口区域，移动设备以及其他一些小屏幕设备在比自身屏幕尺寸宽的虚拟窗口或视口中渲染页面，然后将渲染结果缩小，以便在小屏幕中能尽可能地完整显示内容。举个例子，移动设备屏幕宽度为 640px，页面可能会以 980px 的虚拟视口渲染，然后将其缩小以适应 640px 的空间。虚拟视口是一种让非移动优化的页面在小屏幕设备上看起来更好的方法，但是这种机制对于使用媒体查询来对小屏幕进行优化的页面来说存在一定问题，虚拟视口尺寸限制了媒体查询的触发，视口元标签可以用来解决此类问题，它让小屏幕以原生大小来渲染页面，而不是在虚拟视口中渲染好再去放大或缩小。视口元标签的完整设置如下。

```
<meta name="viewport" content="width=device-width,initial-scale=1.0">
```

元标签应该放置在文件头 <head> 标签中，name="viewport" 表示针对的是视口；width=device-width 表示视口大小等于设备宽度；initial-scale=1.0 表示初次加载页面时的缩放比例为 1。

10.3.2 媒体查询实例

实例：响应式背景色

利用媒体查询根据不同的视口尺寸设置不同的页面背景颜色。设置两个断点，分别是 600px 和 992px，当视口尺寸小于 600px 时，页面背景色是紫色，当视口尺寸大于或等于 600px 小于 992px 时背景色是绿色，当视口尺寸大于或等于 992px 时背景色是橙色，完整的代码如下。

```html
<!DOCTYPE html>
<html>
    <head>
        <title>响应式背景色</title>
        <meta charset="utf-8">
        <meta name="viewport" content="width=device-width,initial-scale=1.0">
        <style type="text/css">
            body
            {
                background-color: #9b59b6;
            }
            @media (min-width: 600px){
                body
                {
                    background-color: #2ecc71;
                }
            }
            @media (min-width: 992px){
                body
                {
                    background-color:#f1c40f;
                }
            }
        </style>
    </head>
    <body>
    </body>
</html>
```

在 Chrome 浏览器的"开发者工具"的"切换设备工具栏"中选择"响应式视口模式"，拖动手柄改变视口尺寸可以清楚地看到在断点位置，触发页面背景色发生变化，在"更多选项"菜单中选择"显示媒体查询"，可以直观地在视口上方显示媒体查询的断点，如图 10-9 所示。

图 10-9　响应式背景色效果

10.4 响应式框架

10.4.1 Bootstrap 介绍

Web 页面中很多组件重复性很高,可以模块化,框架正是提供了这样一组工具包,通过重用代码,从已有的构件库中迅速构建 Web 页面,大大简化了开发 Web 站点的工作,使用非常广泛。在众多响应式框架中,比较流行的是 Twitter 公司推出的开源工具包 Bootstrap,这是 Twitter 设计师基于 HTML、CSS 和 JavaScript 开发的前端框架,可以供设计和开发人员快速有效地创建响应式 Web。

在网站 https://getbootstrap.com/ 上可以下载 Bootstrap 框架的完整资源,包含已编译的 CSS、JavaScript 文件。官网上有详尽的使用文档,本章节将介绍 Bootstrap 的基本工作原理,帮助用户快速学会使用。

使用 Bootstrap 只需要通过 `<link>` 标签将 Bootstrap 中的 CSS 文件 bootstrap.css 引入,该文件是未经压缩的完整 CSS 样式表,并通过 `<script>` 将 JavaScript 文件引入,具体放置在 body 的关闭标签 `</body>` 之前。官方提供的完整代码如下。

```html
<!doctype html>
<html lang="en">
  <head>
    <meta charset="utf-8">
    <meta name="viewport" content="width=device-width, initial-scale=1">
    <title>Bootstrap demo</title>
    <link href="https://cdn.jsdelivr.net/npm/bootstrap@5.2.0-beta1/dist/css/bootstrap.min.css" rel="stylesheet" integrity="sha384-0evHe/X+R7YkIZDRvuzKMRqM+OrBnVFBL6DOitfPri4tjfHxaWutUpFmBp4vmVor" crossorigin="anonymous">
  </head>
  <body>
    <h1>Hello, world!</h1>
    <script src="https://cdn.jsdelivr.net/npm/bootstrap@5.2.0-beta1/dist/js/bootstrap.bundle.min.js" integrity="sha384-pprn3073KE6tl6bjs2QrFaJGz5/SUsLqktiwsUTF55Jfv3qYSDhgCecCxMW52nD2" crossorigin="anonymous"></script>
  </body>
</html>
```

其中,CSS 和 JavaScript 文件通过 URL 链接的方式调用,可以将对应的 Bootstrap 包中的 css/bootstrap.min.css 和 js/bootstrap.bundle.min.js 两个文件存放在自己的站点文件夹中,通过本地链接的方式调用。同时,为了测试是否应用成功,在原模板的 HTML 语句中,对 h1 元素增加了 Bootstrap 的 text-center 类,使其文字居中显示以测试是否调用成功,代码如下。

```html
<!doctype html>
```

```
<html lang="en">
    <head>
        <meta charset="utf-8">
        <meta name="viewport" content="width=device-width, initial-scale=1">
        <title>Bootstrap demo</title>
        <link href="css/bootstrap.min.css" rel="stylesheet">
    </head>
    <body>
        <h1 class="text-center">Hello, world!</h1>
        <script src="js/bootstrap.bundle.min.js"></script>
    </body>
</html>
```

在浏览器中的显示效果如图 10-10 所示，h1 的文字已经在水平方向居中显示，证明 Bootstrap 的 CSS 文件已经应用成功。其实除了调用 text-center 类以外，h1 标签在 Bootstrap 中已经进行了重定义，如重新定义了响应式大小、外边距、行高等。

设置完成后就可以使用 Bootstrap 创建布局、添加组件来构建 Web 页面了，非常简单易于上手。

图 10-10　Bootstrap 测试效果

10.4.2　Bootstrap 栅格系统

栅格系统（grid system）是通过规则的网格指导和规范 Web 页面布局和信息分布的，Bootstrap 提供了一套基于弹性盒构建的响应式网格系统，方便于在不同显示终端展示不同页面结构。栅格系统整体上是通过使用容器、行和列来布局和对齐内容的，如图 10-11 所示。

容器、行和列是 Bootstrap 基本的布局元素，栅格系统工作原理是：行 .row 包含在容器 .container（响应式固定宽度）或 .container-fluid（100% 宽度）中，且容器是居中在页面的；列 .col 是包含在行 .row 中的，通过行在水平方向创建一组列，所有页面内容都放在列中，每行包含 12 个列。列非常灵活，可以创建跨越任意数量列的不同元素组合，类名规则为 .col- 容器类 - 栅格数，如 .col-md-4 表示在 md 容器类中跨越 4 个列。下面具体介绍容器类的概念。

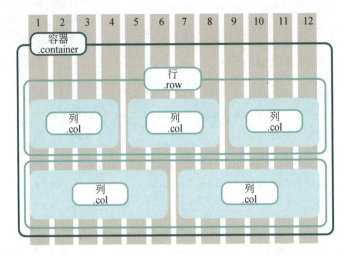

图 10-11 Bootstrap 栅格系统示意图

断点是 Bootstrap 的触发器，用于确定响应式布局跨设备或视口大小的行为方式。Bootstrap 栅格系统支持六个响应式断点，对应六个容器类，通过将这些类组合起来可以创建动态、灵活的响应式布局。每个断点对应的容器和唯一的类前缀如图 10-12 所示。

	xs <576px	sm ≥576px	md ≥768px	lg ≥992px	xl ≥1200px	xxl ≥1400px
容器 max-width	无（自动）	540px	720px	960px	1140px	1320px
类前缀	.col -	.col - sm -	.col - md -	.col - lg -	.col - xl -	.col - xxl -

图 10-12 栅格系统的类前缀

每个断点大小都选择为 12 的倍数，代表了常见的设备屏幕或视口的尺寸，为几乎任何设备提供了一致的设计基础。简单举例，xs 表示宽度小于 576px 的超小号屏幕，类前缀是 .col-；sm 表示宽度大于等于 576px（小于 720px）的小型屏幕，容器类前缀是 .col-sm-，并且容器的最大宽度是 540px；md 表示宽度大于或等于 768px（小于 992px）的中等尺寸屏幕，容器类前缀 .col-md-，容器最大宽度 720px；类似地，lg 表示大号屏幕，xl 表示超大号屏幕，xxl 表示超超大号屏幕，容器尺寸和类前缀如图 10-12 所示。

10.4.3 Bootstrap 布局案例

下面用一个图文混排的案例来演示如何利用 Bootstrap 栅格系统实现一个响应式的布局，如图 10-13（a）所示的效果，在 PC 端等大尺寸屏幕上，图和相关文字在水平方向上并排显示，而在移动端的中、小屏幕上（手机、平板），显示为一栏式布局，图和文字在垂直方向上顺序显示，如图 10-13（b）所示。基于此设置断点为 768px。再对布局进行具体分析，图 10-13（a）中大屏幕的页面布局整体分为两行，每行都是由图和相关文字组成，整体来看每一行内容又分为两列，对于第一行的图文来说，图占据了行宽的三分之一，文字占据了三分之二，对于十二列的栅格系统来说，图占据了四列，文字占据了八列，因此图使用类 col-md-4，文字使用类 col-md-8，第二行则正好相反；在移动端的中小屏幕上，即宽度小于 768px 时，图和文字都分别独自占据一行，如图 10-13（b）所示，即占满十二个列，因此都使用类 col-12。

(a) PC 端大屏幕效果　　　　　　　　　　(b) 移动端小屏幕效果

图 10-13　示例效果

同时注意到，在页面中还存在每行两个、共四个列表元素，它们作为子元素嵌套在文字的容器中，将每行中的两个列表打包成一个独立的行，在 PC 端大屏幕上该行中每个列表占据一半宽度，即六个列，因此使用类 col-md-6；在小屏幕上每个列表独占一行，因此使用类 col-12。另外，页面里还包含了两张图像，为了使图像支持响应式行为，为图像使用 Bootstrap 提供的 .img-fluid 类，该类中为图像设置了属性 max-width: 100% 和 height: auto，从而使图像随父元素宽度变化实现缩放。

完整的代码如下。

```html
<!DOCTYPE html>
<html>
    <head>
        <title>Bootstrap 布局案例</title>
        <meta name="viewport" content="width=device-width, initial-scale=1">
        <link href="css/bootstrap.min.css" rel="stylesheet">
        <link href="css/style.css" rel="stylesheet" type="text/css" >
    </head>
    <body>
    <div class="container">
        <div class="row">
        <div class="col-md-4 col-12 text-center">
            <img src="images/html5.jpg" class="img-fluid">
            <h3>HTML 5</h3>
            <p>最新版本 </p>
        </div>
```

```html
<div class="col-md-8 col-12">
    <h3>HTML 5 是 HTML 最新修订版本 </h3>
        <p>HTML 5 由万维网联盟于 2014 年 10 月完成标准制定，目标是取代 HTML 4.01，
        以期能在互联网应用迅速发展的时候，使网络标准达到符合当代的网络需求，它希
        望能够减少浏览器对于需要插件的丰富性网络的应用服务，并且提供更多能有效加
        强网络应用的标准集。HTML 5 增加了很多新的特性，将 Web 带入一个成熟的应用
        平台 </p>
        <div class="row">
            <ul class="col-md-6 col-12">
                <li>新的语义标签 </li>
                <li>多媒体接口 </li>
                <li>设备兼容特性 </li>
                <li>三维、图形及特效特性 </li>
            </ul>
            <ul class="col-md-6 col-12">
                <li>绘图画布 </li>
                <li>数据存储 </li>
                <li>多线程 </li>
                <li>智能表单 </li>
            </ul>
        </div>
</div>
</div>
<div class="row">
<div class="col-md-8 col-12">
    <h3>CSS 3 是 CSS 的技术升级版本 </h3>
        <p>CSS 可以用于设定页面布局、设定页面元素样式、设定适用于所有网页的全局
        样式。CSS 可以零散地直接添加在要应用样式的网页元素上，也可以集中化内置于
        网页、链接式引入网页以及导入式引入网页。CSS 最重要的目标是将文件的内容与
        它的显示分隔开来，HTML 文件中只包含结构和内容的信息，CSS 文件中只包含样式
        的信息。CSS 新增了很多新的特征 </p>
        <div class="row">
            <ul class="col-md-6 col-12">
                <li>边框特性 </li>
                <li>多背景图 </li>
                <li>颜色与透明度 </li>
                <li>弹性盒模型布局 </li>
            </ul>
            <ul class="col-md-6 col-12">
                <li>盒子的变形 </li>
                <li>过渡与动画 </li>
                <li>Web 字体 </li>
                <li>媒体查询 </li>
            </ul>
        </div>
</div>
<div class="col-md-4 col-12 text-center">
```

```
            <img src="images/css3.jpg" class="img-fluid">
            <h3>CSS 3</h3>
            <p> 最新版本 </p>
        </div>
    </div>
</div>
    <script src="js/bootstrap.bundle.min.js"></script>
</body>
</html>
```

调整浏览器窗口大小，页面效果与图 10-13 一致。

10.4.4　Bootstrap 基本组件

除了方便地实现响应式布局，Bootstrap 提供了大量可重用的组件，包括导航条（navbar）、按钮（buttons）、警告栏（alerts）、徽章（badges）、卡片（cards）、分页（pagination）、下拉菜单（dropdowns）等，具体可以参阅官网说明手册中的组件（components）部分。这部分通过构建面包屑导航的案例，演示如何使用 Bootstrap 中的组件。

前面章节已经介绍过面包屑导航，其用于指示当前页面在导航层级中的位置，是页面中十分常见的组件，HTML 中通常使用有序列表标签 <ol> 及其列表项 <li> 表示。在样式上，Bootstrap 类中的 breadcrumb 和 breadcrumb-item 分别用于重定义 <ol> 和 <li> 标签，从而实现相应样式。代码如下。

```
<nav aria-label="breadcrumb">
    <ol class="breadcrumb">
        <li class="breadcrumb-item"><a href="#">Home</a></li>
        <li class="breadcrumb-item"><a href="#">Library</a></li>
        <li class="breadcrumb-item active" aria-current="page">Data</li>
    </ol>
</nav>
```

经过以上操作，一个简单又美观的面包屑导航就实现了，页面效果如图 10-14 所示。

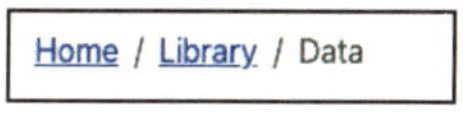

图 10-14　面包屑导航实现效果

思考与训练

1. 什么是响应式设计？
2. 响应式设计模式有哪些？尝试分别找出一个实际的案例。
3. 媒体查询"查询"的是什么？
4. 列举一个响应式设计案例，用 Bootstrap 实现其响应式布局。

参 考 文 献

[1] 杰西·詹姆斯·加勒特. 用户体验要素：以用户为中心的产品设计 [M]. 范晓燕，译. 北京：机械工业出版社，2019.

[2] 帕特里克·J. 林奇，莎拉·霍顿. Web 风格：用户体验设计基本原则及实践 [M]. 陈颖婕，译. 北京：机械工业出版社，2018.

[3] 詹妮·普瑞斯，伊温妮·罗杰斯，海伦·夏普. 交互设计：超越人机交互 [M]. 刘伟，赵路，郭晴，等译. 北京：机械工业出版社，2019.

[4] Paul Mijksenaar. *Visual Function: An Introduction to Information Design*. New York: Princeton Architectural Press, 1997.

[5] Louis Rosenfeld, Peter Morville, Jorge Arango. 信息架构：超越 Web 设计 [M]. 4 版. 樊旺斌，师蓉，译. 北京：电子工业出版社，2016.

[6] 王建民. 信息架构设计 [M]. 广州：中山大学出版社，2017.

[7] 刘津，李月. 破茧成蝶：用户体验设计师的成长之路 [M]. 2 版. 北京：人民邮电出版社，2020.

[8] 薛志荣. AI 改变设计——人工智能时代的设计师生存手册 [M]. 北京：清华大学出版社，2019.

[9] Jon Duckett. HTML & CSS 设计与构建网站 [M]. 刘涛，陈学敏，译. 北京：清华大学出版社，2019.